Canalladas II

INDICE

(Hipervinculos en formato KINDLE)

Canalladas II

Canalladas II

José M. Forero Bautista
Abogado Penalista – Ex - Fiscal Superior
Colombia

A todos mis colegas, con un mensaje de
verdad
aparente que engaña los sentidos y le
da paso a la iniquidad.
El Autor

REGRESAR

Autobiografía

Oriundo de la ciudad de Bogotá (Colombia), de un hogar conformado por Isabel Bautista Reyes (q.e.p.d) de origen boyacense y Julio Gregorio Forero Sicachá (q.e.p.d) nacido en la próspera región del valle de Ubaté (Cundinamarca). Es casado con Rosa Oliva Moya Vargas de origen Valluno de cuyo Matrimonio hubo tres hijos: Cesar Augusto (q.e.p.d), Juan Abdel y Andrea del Pilar.

Es abogado egresado de la Universidad "La Gran Colombia" en el año de 1977, con especialización en la misma Universidad en Derecho Comercial; y, en Derecho Penal en la Universidad Nacional de Colombia.

La Universidad "La Gran Colombia" le confirió el titulo de "Doctor en Derecho y Ciencias Políticas" en el año de 1978, época desde la cual, es abogado litigante, habiendo además, desempeñado el cargo de Fiscal Superior por cuenta de la Procuraduría General de la Nación por los años de 1987 – 1988 en vigencia del proceso inquisitivo, cargo al cual renuncio por razones muy personales.

Es considerado como el pionero de la sistematización de la información jurídica en Colombia como autor y director del software *"Biblioteca Jurídica Digital"* (1981 - 2014) el cual tuvo excelente acogida en el mercado de la información jurídica sistematizada.

Desde muy joven tuvo contacto con la rama jurisdiccional, habiendo sido escribiente auxiliar del Juzgado 2º Superior de Bogotá siendo el Juez el Dr. Josué Aldemar Rodríguez (q.e.p.d) y posteriormente auxiliar de Magistrado en el Tribunal Superior de Girardot, institución que posteriormente tomo el nombre de Tribunal Superior Distrital de Cundinamarca con sede en la ciudad de Bogota.

Fue especializado en Audiencias Públicas con jurado de conciencia en la ciudad de Bogotá, en donde como defensor, se destacó por sus claras intervenciones habiendo obteniendo resonantes triunfos.

En la misma forma, cuando se desempeño como Fiscal Superior, en aquella época adscrito al Ministerio Público, donde se distinguió por sus claros y ponderados conceptos no solo con peticiones de condena sino de absolución, habiendo distinguido por el respecto a la prueba plena como único indicativo de responsabilidad, lo que lo distinguió como fiscal por la rigurosidad y exquisitez con que la trataba al emplearla.

Las anteriores experiencias relacionadas brevemente, explican su formación en la vida del litigio como abogado y le dan fundamentos a sus escritos como correspondientes a la vida real, sin desconocer el ingrediente novelístico como elemento primordial y natural de sus escritos.

El autor

REGRESAR

PREFACIO

En desarrollo de esta serie de cuentos de la vida real relacionados con la administración de justicia, nos corresponde en esta oportunidad, contar lo sucedido a una familia campesina que, como consecuencia de la codicia insaciable de uno de ellos; la lealtad de nuestro personaje y de su cómplice amor filial, lo reta a asumir las consecuencias de un hecho ilícito con un gesto de gallardía e integridad moral que el jurado al juzgar en conciencia la conducta, consecuentemente y dada su integridad moral, en su más íntima conciencia y consecuencia de un plausible sentido común; el derecho lo trocó en justicia…

Pertenece este historia a aquellos hechos que, por eventualidades de la vida, es casi imposible acertar en la justa solución, sino no fuera por el sentido común de quienes despegados del formalismo de la ley, deciden por irresistible vocación natural que ciertas sospechas hacen que la balanza de la justicia se incline hacia el lado contrario de la tan mencionada certeza en derecho que, no siendo lo inmaculado que debe ser, destruye precisamente la duda que edifica el sagrado templo de la justicia y que dejaría tranquilo al espíritu, pues no podríamos imaginarnos cuál sería el sentimiento de quien, teniendo la obligación de condenar al culpable o absolver al inocente, desprecie su vacilación y sacrifique su duda por ínfima que ésta sea, y forzadamente aplique la fría norma que objetivamente tipifica el hecho.

Este es el perfecto ejemplo, de lo que injustamente puede suceder en el sistema acusatorio, en el cual, solo basta la aceptación de cargos del encartado, para producir una condena que al final no se sabe con claridad, de las circunstancias de responsabilidad, ni el motivo de la aceptación de cargos del imputado, cuando podría sospecharse que ellos son el producto de la solidaridad, de la lealtad familiar; o, de la intimidación que produce la "extorsión" de terceros o de la propia ley, sin que existan los medios para probarlo, o que existiendo, ya no importa, pues en la mente del funcionario solo está, la celeridad del proceso y el chulito en la estadística, sin que desafortunadamente exista un ministerio público que efectivamente vele por la justa aplicación del derecho, que no siendo infalible, muchas veces, sin querer, es cómplice del asesinato de la razón.

El Autor

José M. Forero B

José M. Forero B

INTRODUCCIÓN

No obstante, el optimismo que me despierta la excelente aceptación que el público le ha dado a mis obras, creemos firmemente que seguimos necesitando de tan excelentes críticos, como lo son los acuciosos y respetuosos lectores amantes de la buena literatura, agradeciendo eso sí, sus numerosos y amables comentarios los cuales se distinguen, en su gran mayoría, por ser ponderadas, serias y valiosas críticas a nuestras obras, lo que nos ayudará más que los inmerecidos pero estimulantes aplausos recibidos que lógicamente agradecemos con el alma, pues lo que en definitiva buscamos es complacer a nuestros lectores, pero ojala cumpliendo a cabalidad las exquisitas reglas de la preceptiva literaria, las que aprenderemos sin duda alguna, gracias a la ayuda de lectores tan generosos, y así deleitar con nuestras historias el buen sentido, alertando la necesidad de la existencia de factores que contribuyan a la buena administración de justicia, aportando un grano de arena para tal fin por medio de estas líneas.

Gracias por sus valiosos comentarios y deseamos que esta historia que, aun cuando no se siente el morboso dramatismo de la primera obra, si es un ejemplo de vida, de ternura, de lealtad, de amor filial y de loable sacrificio con fundamento en la complicidad permitida por la ley que brota naturalmente, lo que seguramente nos producirá un fuerte encontronazo de sentimientos cruzados, frente a la desalmada actitud de quien resultara victima en esta historia.

Sin embargo, lo interesante de ella es el buen sentido del jurado como institución de la cual, no deja de lamentar su falta de presencia en el proceso acusatorio, por su perspicacia contrario a la poca malicia de quien representaba la autoridad jurisdiccional en este caso, al consentir una confesión como fundamento de la imputación, en un proceso en donde la prueba indiciaria gritaba con sonora voz, la inocencia del confeso.

Nos enseña que el hombre está dispuesto a mentir, no solo con el interés morboso de esconder la verdad que lo pueda perjudicar, sino por un grandioso sentimiento de complicidad para con el ser que ama, lo que ni la ley, ni la sociedad, ni la naturaleza le pueden reclamar, sino admirar y aplaudir, pues no es fácil encontrar seres como nuestro personaje, dispuestos a sacrificarse para salvar a quien seguramente, en la realidad tenía sobrada razón en su actuar.

ÍNDICE

Origen del protagonista, costumbres y causa de su desgracia

CAPITULO VIII
179
De la Audiencia final

REGRESAR

CAPITULO I

El escenario de los hechos

Nuestra historia se desarrolla en Pacho, municipio de Cundinamarca [1] , población situada al norte de la ciudad de Bogotá, siendo capital de la provincia de Rionegro, región situada en Colombia a la altura de la cordillera oriental de los Andes, muy cerca de la ciudad de Zipaquirá famosa mundialmente por su Iglesia subterránea tallada en la misma sal de la mina y catalogada como una de las mara- villas del mundo moderno por su belleza y

---

[1] Página web : http://www.pacho-cundinamarca.gov.co/index.shtml

originalidad, mejorada y embellecida con el correr de los años.

Su nombre, al parecer tiene su origen en la expresión chibcha[2] "Pacho" que significa *"papá Bueno"*; siendo esta región reconocida por la instalación de la primera industria siderúrgica de América del Sur[3] y además por ser la capital naranjera de Colombia, teniendo así la fama de producir la naranja más dulce y exquisita del país que propios y extraños degustan con avidez e infinito placer.

Está ubicada a 88 kilómetros de la ciudad de Bogotá y cuenta con 72 veredas habitadas por gentes muy trabajadoras y sanas de la región que cultivan la naranja, el café y el mango; como productos emblemáticos de la región que está dividida en veredas, entre ellas, la vereda

---

[2] Pueblo indígena que habitó en las tierras altas de Bogotá y Tunja. Se utiliza como sustantivo o como gentilicio

[3] El fundador fue Sir Robert Henry Bunch Woodside

"La Laguna" sitio en donde empieza se desarrolla y termina la mayor parte de nuestra historia.

Allí encontramos el campesino servicial y hospitalario, que no repara su atención para el foráneo, pues siempre se encuentra interesado en que el extraño se lleve la mejor impresión de las gentes de la región, como un orgullo de lo que ama y de la tierra de sus ancestros a quien les debe todos sus sentimientos buenos que orgullosamente hereda y defiende con inusitado fervor.

Su clima se encuentra entre 14° hasta los 25° dependiendo la altura de su escarpada región, siendo el noroeste el más lluvioso y cálido, brotando de su tierra el árbol llamado "Pino Romerón" que es el único pino nativo de Colombia, siendo su corteza de color grisáceo o pardo amarillento, utilizado en la protección de cuencas hidrográficas, pues siendo muy frondoso, crece hasta 25 mts. de altura, siendo su hábitat favorito desde los 2.500 mts.

sobre el nivel del mar y se encuentra especialmente en las riberas de las abundantes quebradas que bañan la región ayudando con sus raíces y sobre todo con las puntadas fibras que durante todo el año deja caer, en la construcción de un rico suelo de textura esponjosa que retiene el aguay dejándola escapar durante las largas épocas de intenso calor y de sequía como alivio natural para una naturaleza sedienta.

También, es tristemente recordada esta región, por ser la cuna del peor de los asesinos narcotraficantes que existieron en Colombia: Rodríguez Gacha, socio de Pablo Escobar personajes de infausta recordación.

Allí tuvo su origen la familia cuyo conflicto se narra en esta historia, siendo el jefe visible don Ramón Escalante[4], un próspero agricultor y ganadero de la región que conquistó mujeres en cada una de las

---

[4] Nombre supuesto

veredas que tuvo la oportunidad de visitar, sembrando su semen a la primera oportunidad que tuviera, pero eso sí, de gusto exquisito, pues sus conquistas debían de satisfacer ciertas calidades y cualidades de acuerdo a su refinado concepto de belleza, aun cuando mantenía una relación estable y legalizada con Carmenza Corredor[5], una de las matronas de la región con la cual procreo siete hijos, tres mujeres y cuatro hombres, siendo Efraín Escalante [6] el mayor de los hombres; audaz, aventurero, temerario y agresivo, caracterizado así, como uno de los personajes principales de nuestro relato.

En cuanto a los otros hijos varones, fueron muchachos común y corriente, mal acostumbrados y dilapidadores del dinero de su papa, pero sin ninguna costumbre contraria a la paz o las buenas costumbres de la comunidad, pues lo que el viejo si les enseño, fue el respeto a los demás, siendo por el contrario dueños de

---

[5] Nombre supuesto
[6] En la misma forma nombre supuesto

buenos deseos y plausibles actitudes, para ayudar a la comunidad que los rodeara.

Las niñas, una abrazó la vida religiosa y la otra, estudio para profesora en la Normal de Zipaquirá, en donde se distinguió como una buena y excelente alumna en el ramo de las matemáticas.

La menor, curso bachillerato en el pueblo, donde se encontraban varios buenos colegios tanto nacionales como particulares, con excelente nivel académico.

En una de esas tantas visitas a las regiones aledañas, el hoy longevo anciano conoció una moza de nombre Carolina, mujer que había sido la esposa legitima de Roberto, un capataz de una de sus fincas, pero separada desde hacía más de dos años, habiendo quedado sin familia pues al parecer su pareja era estéril situación que motivó el rompimiento de la unión conyugal, pues éste, sin saber de su deficiencia, culpaba a su mujer de no quedar embarazada, situación que ella misma, así se lo creía y que los llevara a tener continuos y graves enfrentamientos con su esposo que terminaron con el rompimiento de esa relación, pues éste, no desperdiciaba la oportunidad para insultarla llamandola por su presunta esterilidad, mi "mulita consentida" cuando de buen humor se encontraba, pues de lo contrario, eran insultos y hasta golpes los que le propinaba a esta bella e inocente mujer.

No obstante, no lo aceptaba pues de ella, de Carolina su mujer, no podía creer que habiéndola hecho mi Dios casi perfecta, no pudiera tener familia, siendo dueña de sobradas y protuberantes cualidades corporales que indicaban su fertilidad, pero que su machismo no le permitía soportar al no haberla podido embarazar por lo que debió de buscar otra alternativa en otra mujer de la región, sentimiento que justificó su separación.

Pero para ella, no había otra forma de saberlo sino permitiéndose la relación con otro hombre, pues al fin y al cabo no contaba sino con 29 años de edad, exuberante juventud en la cual, no podía soportar la soledad a la cual la había condenado su pareja con su abandono, máxime cuando esa belleza campesina era asediada por no pocos hombres de la región, sin que ninguno de ellos llenara sus humildes expectativas, además del trauma psicológico que debió de soportar con su indeseada separación del hombre que la hizo mujer y que amó con delirio.

Fue así como llego Don Ramón a la vereda *"La Laguna"*, quien enterado de la situación marital de su ex empleado y la soledad de Carolina como producto de su abandono, regreso al día siguiente con un manojo de flores para cortejarla, táctica que nunca le había fallado en sus efímeras conquistas y menos aquí, *"cuando el palo si estaba para hacer cucharas"*[7] en una oportunidad que como viejo zorro no podía desperdiciar y menos ante la ricura de tan exquisito bocado.

---

[7] Modismo que indica que las condiciones estaban dadas

Cayó de perlas el floral detalle, pues don Ramón era un hombre, cuya presentación personal no era nada despreciable; era casado y tenía hijos, lo que le garantizaba su fertilidad; trigueño claro, alto, de barba cerrada, ojos azules y bien parecido, solo contaba con 59 años de edad, lo que lo convertía en el candidato perfecto para una prueba de fertilidad de la cual no tenía mucho que perder pero si mucho que ganar, pues al fin y al cabo era su patrón, condición que le facilitaba tener bien escondida cualquier relación ante los críticos ojos de una comunidad que critica sin piedad y no perdona.

Además, era excepcionalmente amable, atento, considerado y dueño de la finca en la cual estaba viviendo Carolina; patrón de su ex pareja que la había abandonada por irse con otra mujer de menos atributos, con la que tampoco pudo tener hijos, pero que no volvió a recibir a pesar de sus ruegos, pues sentimentalmente ya se encontraba comprometida.

Su patrimonio, no hubiere sido necesario agregarlo a su presentación personal ante tan bella dama de fina pero arrogante personalidad, para haber obtenido con los favores que con ansiedad por ambos eran deseados, pero que de todas maneras lo hacía más interesante para sus propósitos, por la seguridad económica que seguramente le proporcionaría.

Aquí, nace un compromiso cuyo fundamento es el amor, que solo terminaria en el mismo panteón que utilizara su familia para darle a don Ramón su cristiana sepultura, no sin antes dejarle tres hijos; el mayor, un varón que 20 años atrás bautizaran como Santiago y que el viejo no reconoció por temor a la reacción de su familia, pero que siempre trato como a un hijo, no solamente dándole el cariño de padre sin que éste lo supiera, sino socorriéndolo en todo lo que necesitaba, pues resultó ser poseer una rectitud a toda prueba, no sobrando mencionar la excelente colabo-ración que le prestara no solamente a él, no como su padre vinculo que siempre ignoro, sino como amigo de la casa y de su mamá, la que se sacrificaba para administrar y mantener la finca como al viejo le gustaba a pesar de ser ella la titular de la propiedad por voluntad del éste, sin ninguna restricción desde la época que surgió el mutuo enamoramiento y que Don Ramón resolvió dejar a quien con sus caricias y comprensión le había brindado tan placenteros pero secretos momentos situación que alimentaba con una fuerza inexplicable su de pronto grato pero enfermizo líbido.

Y así empezó un furtivo pero bello romance que duro toda la vida de don Ramón, sin que nadie se entera de su existencia, ni se atreviera a preguntar por el autor de los embarazos de Carolina, aun cuando mucha gente lo sospechaba y de pronto así lo comentara por debajo de la ruana[8] con temor a equivocarse y desatar una tragedia familiar; pero, la realidad era

---

[8] Modismo que significa "en secreto"

evidente, pues nadie más visitaba a Carolina que el presunto dueño de la finca, quien le había proporcionado cómoda vivienda en la casa principal de la hacienda, la que en silencio le había escriturado a los pocos años de haber nacido Efraín, el mayor de los hijos legítimos del viejo Ramón y Carmenza su legitima esposa.

Y así, transcurrió normalmente esta secreta relación extra matrimonial, con el respeto que inspiraba don Ramón y que trasmitía a toda la comunidad cercana a la Hacienda, por lo que nadie se atrevía a peguntarle a Carolina, cuál era su papel en esa hacienda que, aun cuando unos muy pocos sabían, era de propiedad de Carolina y de sus hijos.

Así, durante ese cómplice silencio, nació un niño al que bautizaron Santiago y dos hermosas niñas como su mamá, dueñas de una dignidad a toda prueba, que estudiaron y se hicieron bachilleres del Ateneo Femenino, un colegio de propiedad particular existente en el pueblo; pero no ingresaban todavía a la universidad cuando el viejo falleció, por lo que no pudo contemplar como profesionales a sus adoradas hijas, que con desvelo amaba.

Santiago el mayor, muy comprometido con su mamá en las labores cotidianas por ser el varón de la casa, estudio solo primaria, por lo que su cultura no podía ser nada destacada lo que supo equilibrar con la lectura y la exquisita educación que su mamá le proporcionara como dueña de un recio carácter, poco tolerante con lo irreverente, pero fanática de las actitudes que llevaran el sello de la amabilidad, la comprensión y el respeto para con los demás, como es la tónica y el comportamiento de nuestros campesinos cundi-boyacenses[9].

Era un campesino joven, poco culto, pero bien educado que sabía de sus

---

[9] Oriundos de los Departamentos de Boyacá y Cundinamarca en Colombia

derechos y del derecho de los demás que sagradamente respetaba, pero no toleraba la injusta invasión que el prójimo hiciera de los suyos.

Éste joven, fue el producto de ese amor y de la felicidad que le brindara Carolina a don Ramón, durante veinte años más de su existencia y que se diferenciaba del austero y rogado amor que le brindaba su propia familia, pues aquí, al contrario de lo que encontrara en su propia casa, todo era sonrisas, caricias y jolgorios, y allá; regaños y malos genios, pues cuando no se sentía el aburridor desprecio de la indiferencia, se sentía el horrible desdén de su familia y la agresividad de sus miembros que en muchas ocasiones se tornaban intolerantes, lo que contrastaba con el comportamiento con sus semejantes, por fuera de su casa en donde toda era amabilidad y expresiones de respeto.

Además, sus hijos, los del santo matrimonio, eran zánganos y agresivos al interior de su familia, tal vez como producto de la abundancia y de esa crianza dentro de un tire y afloje de dos cónyuges que vivían por obligación, sin ninguna muestra de ternura ni de amor que en un momento dado, cohesionara la familia en una actitud distinta de comprensión y tolerancia, y no de ese cruel y perjudicial personalismo e incomprensión que socavaba los más profundos y necesarios sentimientos de unidad.

Pero murió don Ramón, no sin antes recompensar lo que Carolina le había dado en la vida, escriturándole para sus hijos desde hacía más de veinte años, la finca que ya por derecho poseía tiempo atrás tal como ya lo habíamos anotado, pero sin que nadie se enterara de su altruismo, su lealtad y su agradecimiento para con la persona que tarde, pero a tiempo, supo hacerle feliz su existencia; siendo eso sí, una de las mejores fincas que el viejo poseía en la región y que Carolina trabajaba con ahínco con la ayuda de Santiago su amado y deseado hijo y los obreros que la producción agropecuaria de ésta le permitía contratar, pues el viejo no ayudaba para su mantenimiento pero si desayunaba, y de vez en cuando almorzaba y comía de la finca.

No obstante, a pesar de la escritura de propiedad a nombre de Carolina que el viejo Ramón le había otorgado, ninguna persona de la región estuvo enterada sobre el verdadero nombre de la finca *"El Ocaso"* que el mismo don Ramón le había ayuda a bautizar, hasta cuando murió el viejo, hecho que apresuró a los sucesores a reclamar, lo que en la realidad no les correspondía, siendo al final la causa de la tragedia que enluto a una de las familias.

Tamaña sorpresa, fue para la familia Escalante enterarse que, la mejor de las fincas no pertenecía a la sucesión, pues de ella hacía, no solamente posición Carolina a quien se creía uno más de los empleados de Don Ramón, sino que por escritura pública debidamente registrada, la titular de la plena propiedad era Carolina, que además, ante el Estado declaraba todos los años como su patrimonio y aportaba todos los recibos de pago de catastro hasta la fecha, por lo que efectivamente no tiene discusión su dominio y propiedad y así se lo hizo saber el abogado, que la familia primigenia había contratado, para efectos de la liquidación y adjudicación de la masa sucesoral.

REGRESAR

CAPITULO II

Origen del protagonista, costumbres y causa de su desgracia

Esta región de Rionegro se encuentra poblada de gente buena, trabajadora, acostumbraba a vivir con lo poco o mucho que produzcan sus actividades agropecuarias, lo que importa poco para su felicidad, siendo una región próspera, con un deseo candente de sus gentes de surgir, pero dentro de los límites de las posibilidades que la juventud casi no encuentra, sin negar o pasar por alto la existencia de siniestros personajes[10] que descontentos con su situación económica, le abrieron paso a la codicia, acometiendo empresas riesgosas para su integridad personal y en algunas casos, sin importar que estuvieran prohibidas por la ley, con tal de satisfacer su desmedida y enfermiza avaricia.

Por su cercanía a las minas de Muzo[11], varios de sus habitantes se dedicaban al fructífero comercio de las esmeraldas, algunos con extraordinaria suerte; otros sin ella, pero al fin y al cabo un trabajo arriesgado pero digno, no prohibido por la ley.

Algunos de esos aventureros, regresaban a sus pueblos llenos de dinero y de felicidad, derrochándolo de tal forma que en poco tiempo volvían a su pobreza, con el agravante de haber conocido las mieles de la abundancia, olvidando lo sufrido, lo que ponen al descubierto y agravan su desgracia, golpeando doloro-

---

[10] Ver Rodríguez Gacha
[11] Ver http://www.muzo-boyaca.gov.co/index.shtml#2

samente y sin misericordia la puerta del arrepentimiento por la experiencia perdida y el dinero malgastado.

Otros, renunciando a los atafagos de un negocio legal pero peligroso que para ejercerlo se necesita cierta dosis de temeridad, se convertían en importantes finqueros de su región, brindando trabajo y bienestar a la comunidad, despertando la admiración de quien, arriesgando los peligros de un negocio con leyes comercia- les *sui generis* impuestas por la costumbre y a pesar de tener el hampa muy cerca merodeando sus transacciones, logran con grandes sacrificios y excesiva dosis de disciplina y cuidado, el éxito económico deseado, lo que no deja de ser admirable en razón a su estatus cultural que mide la excelente disciplina que se debe tener, y el ánimo de progreso que lo debe acompa- ñar.

Pero los que no consiguen tal éxi- to, o habiéndolo conseguido, no supieron conservarlo, regresan desilusionados a sus comunidades con ganas de volver y buscar una nueva oportunidad, o con la experiencia ya vivida que sin querer transforma su carácter, le dan rienda suelta a su codicia y se ensañan contra su propia familia a la que le llevan la ventaja de la osadía aprendida y el desarrollo de su temeridad adquiridos en su fracasada empresa.

Son poseedores en este caso, de un espíritu aventurero aprendido, que llega sin respeto y traumatizado con su fracaso, ya que todos los que viajan algo consiguen, pues es una región en donde afortunadamente abunda el dinero y las oportunidades para conseguirlo, no pueden ser negadas.

Solo se necesita tener un poco de suerte, y dedicación al trabajo mientras consigue el "plante[12] que lo asciende a comerciante, posición que le permite cumplir su misión y regresar al seno de la

---

[12] Dinero suficiente para comprar y vender

comunidad de origen a servir con su abundante dinero bien habido y producto de un sacrificio que no pudiéndose catalogar de sobrehumano, si implica una férrea voluntad, un gran sacrificio, mucha resignación y una estricta disciplina en el manejo del poco o mucho dinero que se vaya consiguiendo.

Y en verdad, la vida del guaquero o mazamorrero no es en ningún momento envidiable, pues debiendo estar cerca de la mina y especialmente del rio que lleva el tambre de ella, deben someterse a vivir en chambuches, que son instalaciones construidas con materiales de desecho tales como cartón, hoja lata, madera, tela asfáltica, etc. en donde el colchón es el frio suelo separado por costales de fique que aclimatan el cuerpo; la luz, es de vela encendida a la hora de la necesidad, siendo el cielo raso un espectáculo de luces solo cuando hay luna llena, pues sus haces penetran por cualquier agujero de la maltrecha teja dando la sensación de una luminosidad agradable que acompaña su desgracia; y, el menaje, una cuchara, olla y una olleta en donde en tres piedras organizadas en perfecto triangulo se cocina con leña, pero unicamente lo necesario para medio mantener el cuerpo y sacar el frio de las aguas de la quebrada que a pesar de su recorrido conservan el helado clima del páramo de donde provienen y que deben soportar durante todo el día en sus cansados y maltrechos pies.

La caja fuerte es el sucio pañuelo, donde echándole un nudo en la punta, escondes las chispitas de esmeralda encontradas durante el día, el cual esconden en lo más íntimo de su ser para poder percibir cualquier intento de hurto del compañero de cambuche que a pesar de que se conoce y puede ser su socio de aventura, lo alimenta la misma codicia que empuja a cometer, si la oportunidad se da, cualquier fechoría , hasta robar lo poco conseguido a su compañero de desgracia.

Y así pasan los días y hasta los años, alimentados con la esperanza del enrique-cimiento que vendrá por medio de una preciosa gema esperada con tan infinita ansia que se convierte en obsesión que en no pocas veces se consigue, pero que las más de las veces de desperdicia, pues casi siempre ante tan afortunado hallazgo, se da rienda suelta a un cúmulo de ocultas represiones sufridas que exaltan el ánimo y exacerban los sentidos olvidándose del sufrimiento pasado, enjabo-nando los frenos inhibitorios que muchas veces llevan nuevamente a la desgracia que sobreviviendo a ella lo llevan a retomar una y otra vez, su maldita historia con constricción de corazón y propósito de la enmienda difícil de cumplir.

47

REGRESAR

CAPITULO III

La temeridad de la victima

Efraín, uno de los protagonistas de esta historia, era el hijo legítimo de don Ramón Escalante un respetable agricultor de la región y apreciado por toda la comunidad por su espíritu altruista, pero éste, a pesar del disgusto de su señor padre, decidió probar suerte en las minas de esmeralda, pues soñaba ser más próspero que su padre, y dándole rienda suelta a su codicia, quería darse el lujo que se daban los que regresaban de las minas con la suerte de haber encontrado su fortuna durante las penosas y extenuantes jornadas de búsqueda que implicaba el mazamorreo [13] como actividad poco riesgosa, propia de espíritus aventureros; sacrificada si y poco grata, máxime si a ella le agregaban la actividad del "guaqueo" que era rechazada a sangre y fuego, por los guardianes de los socios legalizados de las minas.

Algún día, en el café del pueblo al cual asistían los jóvenes para darse con sus amigos un rato de esparcimiento y jugar una partida de billar, estando Efraín y tres de ellos jugando y libando con una cerveza, en medio de temas informales que causaban risas y jolgorios, surgió la idea de viajar a Muzo; una población esmeraldera cercana a Pacho[14] con el fin, según ellos, de rebuscarse[15] tal como lo habían hecho otros conocidos de la región a los cuales les había ido muy bien, idea que fue aprobado por tres de los cuatro

---

[13] Actividad de lavar y escoger de la tierra que desechan en una mina

[14] Ciudad situada en el Departamento de Cundinamarca - Colombia

[15] Dinero extra que permite vivir con holgura

amigotes jugadores de billar, incluido Efraín nuestro personaje.

No pasaron ocho días, cuando ya todo estaba organizado para viajar a Quípama,[16] municipio de Boyacá distante a 80 kilómetros de Pacho por su cercanía con las minas de esmeraldas de Muzo y punto intermedio, pasando por la Palma y Yacopí, municipios del mismo departamento, quedando a una distancia no superior a los 10 kilómetros de las minas de esmeraldas y de 25 kilómetros de la población de Muzo; de acuerdo a lo charlado entre cerveza y carambola en esa noche de billar y de jolgorio.

¡Y dicho y hecho...!

Emprendieron el viaje en bus de servicio público, gastando más de cuatro horas hasta Quípama y allí pernoctaron la

---

[16] Pueblo situado al occidente de Boyacá y cercano a las minas de Muzo.

noche del día en que llegaron, para luego madrugar al día siguiente a las minas, valiéndose para su transporte del campero de Nemesio, un negociante de esmeraldas que conocieron por estar hospedado en el mismo hotel que escogieran para pernoctar esa noche, ofreciéndoles llevarlos hasta la quebrada de la mina y presentarlos con los que por el camino encontraran, no antes sin haberles preguntado sobre su origen, su arraigo y todo lo concerniente al motivo de su presencia en ese Municipio, pues el comerciante en general, es muy celoso con el forastero nuevo, en razón a los atracos de que son víctimas, pues los delincuentes saben del manejo de dinero en efectivo que abunda en esa región para las compras de esmeralda, y/o la posesión de esmeraldas que en el transcurso del día compraban, pues era el oficio de estos prósperos comerciantes.

No tenían mal aspecto los muchachos recién llegados, pues los comerciantes no acostumbran a montar en sus camperos a personas jóvenes desconocidas, tal como se dijo por la presencia de delincuencia en la región que visitando la zona no van a trabajar, sino a ver a quién encuentran descuidado o qué se encuentre por ahí mal ubicado, para rebuscársela fácil, pero en muchas ocasiones encontrando la muerte a manos de los temerarios esmeralderos que no se ahorran esfuerzos y precauciones para defender su vida, pues aquellos, son desalmados delincuentes que matan por conseguir lo que se proponen, a sabiendas que cualquier piedra que logren de esta forma, puede constar un apreciable capital.

Estos osados rebuscadores, son el mayor peligro que los comerciantes de esmeraldas encuentran en el sector, pues se organizan y husmean a las personas que cargan grandes cantidades de dinero en efectivo para comprar esmeraldas a orillas de la quebrada; los atracan y en varios ocasiones los matan creando un ambiente de inseguridad en la zona, pero cohesionándose la amistad entre los comerciantes de gemas por estos hechos, los que deben organizarse para planear y mantener su seguridad, ante la ausencia absoluta de autoridad, lo que crea la sensanción de ser la zona esmeraldera, una zona turbulenta e insegura, moviéndose dentro de ella, grandes cantidades dinero.

En el plan de atraco preparado por arriesgados delincuentes para despojar a sus víctimas de las esmeraldas o del dinero que en efectivo cargan los comerciantes en grandes cantidades, "tacan a veces burro"[17], no siendo extraño que sean los delincuentes quienes resulten sorprendidos por los comerciantes en esmeraldas que no perdonan la osadía, siendo esta la principal causa de violencia en la región, pues allí solamente impera la "ley del monte", ejerciéndose con rigurosidad el legítimo derecho a la defensa, aun cuando en algunas ocasiones resulte excesivo, lo que se justifica en una región en donde no impera el orden institucional, sino el imperio de las armas que se mueven al vaivén de los derechos fundamentales entendidos

---

[17] Se dice cuando sale al contrario lo planeado

por cada quien y de acuerdo a cada circunstancia.

Al dejar a sus furtivos pasajeros en la quebrada de la mina, tras larga conversación tendiente a descubrir las intenciones de los tres muchachos; Nemesio, el samaritano comerciante les preguntó sobre su capacidad económica para sobrevivir, a lo cual le contestaron que solo llevaban veinte mil pesos [18] cada uno, cantidad que en esa época era lo suficiente para sobrevivir austeramente[19] por más de un mes.

No obstante, el samaritano comerciante, le ofreció diez mil pesos a cada uno que recibieron con placer, pero con la recomendación de que, si algo encontraban en la quebrada, se lo mostraran para él comprarles.

---

[18] El dólar valía $16 pesos

[19] Un café, al desayuno y una comida al día, más los 5 pesos de arriendo del cambuche,

Este espíritu bonachón, es propio de los comerciantes en esmeraldas, siempre y cuando, la gente a la que se ayuda se dedique a trabajar, pues en esa región a los pobres, la holgazanería no les está permitida.

Así mismo, les indico la forma de sobrevivir en la quebrada y algunos trucos para que su búsqueda fuese más efectiva, amén de consejos sobre comportamiento con la demás gente, pues en esa región quien tiene la suerte de encontrar una buena esmeralda, la vida se le complica sino sabe cómo comportarse ante esa eventualidad, pues el dinero mata o enloquece, les advirtió…

Los espero en Muzo, fue la despedida del "aparente mecenas", población que en carro se gasta unos 20 minutos, pues el camino es destapado y en mal estado, y a pie de unas dos a tres horas, les advirtió.

Lo buscaremos don Nemesio, no se preocupe dijo Carlos…

Ya en la quebrada por donde baja el tambre[20] de la mina y en donde se encuentran en épocas de escasez, no menos de mil personas lavando los residuos que botan de las vetas, se respira pobreza y amargura formando una extraña simbiosis con la ilusión, sentimiento que los mantiene vivos y les ayuda a no sentir hambre y a olvidar con resignación sus calamidades.

En las épocas de producción lo cual sucede cuando arriba encuentran una veta que con furor escarban, noticia que se riega como pólvora por toda la región, la quebrada es visitada por no menos de veinte mil personas que organizan una fiesta a su manera, pues cada que una de ellos que encuentra una esmeralda no puede reponerse de su alegría la cual

---

[20] Significado regional al rio revuelto de piedras y lodo sobrante de las excavaciones de las vetas en las minas, que lanzaban quebrada abajo los mineros

demuestra con gritos, aullidos y baile sin música, pero con un ritmo imaginario a su manera, amén de las continuas y repetitivas "auto bendiciones" que practican y que cada uno agradece a su manera y se administra repetitivamente, según su peculiar estilo haciendo la señal de la cruz sobre su pecho y palmoteándose la región del corazón como símbolo de agradecimiento y de felicidad..!

Construyen un cambuche [21] que les permitirá pernotar en las cálidas pero húmedas noches, hasta cuando no consigan el dinero suficiente para poder alquilar una pieza en Muzo, pueblo más cercano a la quebrada, en donde su alquiler puede costar unos quince mil pesos mensuales con desayuno incluido y lejos de la incomodidad de las "residencias" de la quebrada, pues por lo regular se encuentran ubicadas en "hoteluchos" sin lujo pero con comodidades por lo menos para bañarse y dormir tranquilamente sobre colchones que

---

[21] Rancho parado en cuatro palos, con paredes de cartón o ramas de la región.

no siendo "pulman", permitían el descanso de las agotadoras jornadas de quebrada.

Pasados unos días, lograron comprar un cambuche más cómodo de propiedad de un mazamorrero que se había enguacado por tercera vez y que se iba para el pueblo a disfrutar de su buena suerte, disfrute que consistía por lo regular en la oportunidad de libar alcohol y asistir a los prostíbulos que en región abundan.

Mientras tano, comían una vez al día, por lo regular el almuerzo pero tomaban mucha gaseosa con pan que les ofrecía cualquier comerciante, que quebrada arriba y quebrada abajo, compraban las pequeñas esmeraldas que durante el día sacaban los mazamorreros, para así, conformar grandes lotes de esmeraldas que, en pocas semanas costarían una fortuna.

A las siete de la noche, ya todo el mundo dormía después de una extenuante jornada, pero en tiempo de producción, a las cinco de la mañana antes de amanecer, la gente no cabe en la quebrada ayudados por la tenue luz de una linterna mientras amanece; todos en busca de la piedra que los sacará de pobres, multitud que diariamente mantiene esa ilusión y que no en pocos casos se torna en realidad.

Mientras tanto, algo encontraban en la quebrada que les servía para sus gastos personales; en especial, la compra de agua potable para su baño diario; la empanada de la noche junto con su gaseosa lo que constituía la cena favorita del mazamorrero que con este congruo alimento, medio reconfortaba su desgatado organismo.

Cuando la quebrada no daba nada y el hambre y la sed acosaban, pedían ayuda a los comerciantes quienes, por lo regular no les negaban nada, pues sabían por vivencia propia de sus necesidades y del sacrificio que la quebrada representaba, pero esperaban que lo que encontraran algún día, le vendieran a quien con caridad o altruismo los acogía.

Era una experiencia propia de quienes, gozaban de las mieles de la abundancia, al ejercer un negocio tan peligroso, pero tan lucrativo, habiendo pasada por el sacrificio de ser mazamorrero, pero ahora en un status de comerciante que le daba confort por lo que no olvidaba los días aciagos de su superada pobreza.

No habían transcurrido más de veinte días cuando, como de costumbre, los tres amigos aprovisionados de sendas palas llegaron a la quebrada para lavar la tierra que bajaba de la mina y buscar las piedras que se escapaban del odioso rastreo que hacían los trabajadores de ella, quienes se esforzaban por no dejar pasar nada de valor para la quebrada, esfuerzo que muchas veces era inútil para dicha y regocijo de los mazamorreros que con expectativa esperaban la soltada del tambre de la mina cuando había producción, y cuando no, buscaban en los rezagos de producciones pasadas cuyas esmeraldas se incrustaban en cualquier parte del lecho de la quebrada, las cuales eran el objeto de su desesperada búsqueda, pero llenos de ilusión pensando en los problemas que pudieran superar en su familia y en beneficio de sus hijos motores de ese inmenso sacrificio.

A un palazo enviado por Efraín a la carga de desechos de la mina que corría aguas abajo, pues acababan de soltar el tambre[22], brillo una piedra del tamaño de la uña del dedo gordo de la mano, la que apresuradamente cogió y echo en su boca como una medida de protección y seguridad que reemplazaría naturalmente la mejor "caja fuerte", para posteriormente, fingiendo que salía para el monte a hacer sus necesidades, en medo de una curiosidad que no le daba tregua y estando allí, con la saliva y a hurtadillas acabaría de limpiar el tesoro tan bien escondido y escupiendo el barro que la recubría,

---

[22] Desechos de la mina previamente lavados y escogidos

resultaría una gema de un color verde limón y muy transparente.

Su felicidad fue tan inmensa, que pronto lo notaron los compañeros que a su lado "volaban pala" para encontrar y no dejar pasar la piedra que escondida bajaba en la "huidiza" arena negra haciéndole el quite al ritmo del vaivén que le imprimían las olas producidas por los pedruscos que llenaban la quebrada, a las numerosas palas que con afán buscaban, pues si no fuere detectada por la ilusión de alguno de los miles de mazamorreros, seguía su camino aguas abajo para nunca regresar o seguramente, incrustarse en cualquier parte de su lecho en espera de la persona que se debe beneficiar, o llegar hasta el rio minero en donde desemboca la quebrada, y aguas abajo continuar su rumbo "tallándose" por si sola, hasta que definitivamente se perdiera, o algún minero más abajo la encontrara al ser dueño de una suerte espectacular.

Así, en el vecino municipio de Cimitarra, donde el rio se estrella contra la roca dejando una ancha playa, el rito vomita sus tesoros y la gente curiosa de ese municipio continuando con la labor de lavado de la arena de un rio que ha recorrido cientos de kilómetros, ha encontrado, no en pocas ocasiones, esmeraldas ya redondeadas por el azaroso y lapidador viaje, de un valor apreciable, manteniendo así viva la ilusión de sus pobladores de encontrar algún día la piedra de su futuro.

Andrés, uno de ellos preguntó:

Que paso, ¿encontró algo?

A lo que Efraín le respondió:

Estoy "enguacado"[23]

---

[23] Encontrar algo de mucho valor..

Uyyy…. Lo felicito, le dijo Andrés estrechándole la mano y Carlos lo abrazo…

Unos comerciantes que muy cerca andaban quebrada arriba y quebrada abajo comprando lo que los "mazamorreros" sacaban, ante la actitud de ese pequeño grupo, cayeron como chulos a la presa, rogándoles que le mostraran lo que habían sacado; que cuanto valía…

Carlos se acordó de la promesa que le había hecho a Nemesio el comerciante que los había conducido hasta la quebrada y que les había regalado para subsistir, pero, sin embargo, en secreto le dijo a Efraín:

- *Muéstresela y pida harto, para saber cuánto ofrecen…*

Y efectivamente, siendo tres los comerciantes interesados, con gran misterio se la mostraron, eso si uno a uno, recibiendo de cada cual, después de sacarla de su boca y limpiarla, oferta secreta en la misma forma para cada uno de ellos… todo bajo la mirada desconfiada, expectante y defensiva de sus dos amigos.

Uno de ellos dijo comprarla por la suma de $800.000.00; otro daba $1.000.000 de pesos, y el otro solo les ofreció $500.000.00 prometiéndoles el recién "enguacado"[24] a cada uno de los ofertantes, que pensaría en su oferta, pero que había un familiar y una persona que los patrocinaba, que primero tenía que verla, por lo que por ahora no la podía vender, prometiéndoles decidirlo más tarde.

Guardando la bella piedra recién encontrada y temerosos de que todo el mundo se había dado cuenta de que se habían "enguacado", no sabía dónde guardarla mientras poco a poco cae la

---

[24] Dícese de la persona que encontró la fortuna que buscaba

noche en el cambuche que habían alquilado y cuya seguridad era precaria, por no decir nula.

Resolvió entonces Efraín, envolverla en un algodón que sacaran de un frasco de pastillas que alguien llevaba y metérsela en la rendija o pliegos traseros de sus nalgas, no sin antes establecer turnos de vigilancia entre los tres, correspondiéndole a cada uno cuatro horas para un total de doce, pues allí la noche empieza donde debe empezar y termina donde debe terminar.

A Efraín le correspondió el último turno, es decir de tres de la mañana a siete de la mañana, el más pesado, pero al fin y al cabo era el dueño de la guaca encontrada.

Al día siguiente, madrugaron los tres a Muzo, población que no conocían, pero donde permanecían los comerciantes con mayor poder económico con la intención de buscar a Nemesio su benefactor y ofrecerle la "guaca" encontrada tal como lo habían prometido, promesa que era sagrada según el código que rige a los mineros y que corresponde a la ética criolla que todos poseen siendo ésta, una garantía infranqueable de seguridad.

No dejaron amanecer, cuando emprendieron el camino a pie, pues el pueblo dista a unos diez kilómetros de la mina.

Acordaron que Carlos, marcharía a la cabeza y a menos de dos minutos Efraín quien cargaba su tesoro, cerrando la marcha Andrés, procurando no perderse de vista en las curvas del camino que, con anterioridad les habían indicado conducía "derechito" a la población, pronosticándoles más o menos unas tres horas de camino a buen paso.

Fue el "sistema de seguridad" para tomar el camino que la noche anterior le habían indicado algunos guaqueros, sin que nadie, por ningún motivo, se enterara del momento de la partida.

Llegaron a las ocho de la mañana y esperaron hasta las doce del día en la plaza principal en donde solo había comerciantes de esmeraldas, quienes bajo una mirada expectante les preguntaban:

¿Que encontraron muchachos...? Me muestran...

A lo que los tres respondían:

No, no se ha podido hacer nada...

Necesitamos plata y buscamos a don Nemesio para ver si nos presta... ¿Ud. no lo han visto?

No... a secas, sin que recibieran explicación alguna, pues no sabían, que una de las costumbres de los comerciantes de esmeraldas, era la de llegar a Muzo, comprar y desaparecer furtivamente, todo por seguridad, por lo que nadie daba razón de su actual ubicación... además si lo supieran, estaba prohibido en la costumbre.

Llegaron las doce del día y su benefactor no apareció, decidiendo entonces buscarlo más luego, por lo que se fueron a almorzar con empanada y gaseosa, regresando en las primeras horas de la tarde a la plaza principal, sitio de los negocios de esmeraldas en donde seguramente lo hallarían, pues allí se reunían, según les informaron, todos los compradores de esmeralda que de Bogotá, bajaban al municipio de Muzo con ese fin.

La espera, fue infructuosa, pues ese día nunca llego su benefactor.

Un comerciante de esmeraldas que no les quito el ojo de encima, les dijo:

Si no llego su amigo, es señas de que no está aquí en el pueblo. Debió de viajar a Bogotá. Así que no lo esperen más.

A lo que Carlos quejándose manifestó. ¡Ahora que vamos a hacer!

Frase que conmovió al comerciante y les pregunto:

Por qué, qué les pasa…

A lo que el mismo Carlos respondió.

Don Nemesio, es la persona que nos ayuda y se nos acabó el mercado. No tenemos que comer. Nos tocara regresar a la quebrada y esperar.

No se preocupen muchachos, yo les soluciono el problema y le cobro a

Nemesio … el me pagará, o si no, me pagan Uds., cuando se "enguaquen" …

Claro que si… nos comprometemos…. contestaron los tres…

Fue tanta la emoción, que no preguntaron el nombre de quien tan espontáneamente los quería ayudar, pero se fijaron en todas sus características que podían renacerlo la próxima vez que lo vieran…

Y cuanto necesitan muchachos….

Pues lo que Ud. quiera ayudarnos para un mercado mientras llega don Nemesio… contestaron…

Y alargando la mano, les mostro un billete de Cinco Mil pesos y les pregunto:

Con esto les alcanza...?

Sí señor, contesto Efraín...

Y nos sobra....

Felices por el gesto del comerciante y su espontaneidad, que sin conocerlos les había ayudado, resolvieron coger camino para el cambuche esa mis tarde procurando que no les cogiera la noche por el camino.

Sin embargo, se acordaron que eran los "enguacados" y que el tesoro encontrado podía tener muchos enemigos, por lo que antes de emprender el camino de regreso, resolvieron comprar un arma para defenderse por si algo sucedía.

Así llegaron a una miscelánea y después de mirar todos los artículos, decidieron comprar cada uno un afilado cuchillo de cargar en la cintura, que les serviría para su defensa y para su trabajo, pues no pocas veces en la quebrada tuvieron que recurrir al préstamo de este elemento para limpiar una roca sospechosa de contener esmeraldas.

Con la confianza que dan las armas, siendo ya las cuatro de la tarde, emprendieron el regreso al cambuche, en donde llegarían ya anocheciendo, si les rendía la travesía emprendida.

Efectivamente a eso de las siete y media de las noches llegaron a su "añorada morada", Efraín con el dilema de la seguridad de su preciosa joya que resguardaba con un nudo en su pañuelo, por lo que debían de inventarse algo para no prestar tan fatigosa guardia decidiendo los tres adentrarse en la maleza y con el cuchillo comprado, abrir un pequeño hueco para esconder la preciosa gema junto con su caja fuerte, que no era más que su sucio pañuelo.

Realizada esta rápida labor, dejaron una botella de gaseosa muy cerca, indicando su posición.

Y no fueron sus medidas preventivas exageras, pues no llegaba la mitad de la noche, cuando intempestivamente se presentaron al cambuche cuatro individuos exigiéndoles la entrega de la guaca encontrada, exigencia a la cual se resistieron empuñando sus cuchillos nuevos.

¡Ya vendimos, ya consignamos y la plata está en el Banco!

Afirmo rotundamente Efraín…

Pero si quieren, estrenamos con Uds. lo que compramos… blandiendo los cuchillos nuevecitos…!

Sentenció Efraín…

Y no tardaron en comprender los novatos delincuentes de su error, pues solo uno de ellos portaba un revolver intuyendo su marcada desventaja ante los intimidantes puñales, pues se entendía que solo un disparo podía hacer antes de que las tres presuntas víctimas estuvieran encima de él apuñalándolo, pues a los otros no se les veía arma alguna, sirviendo únicamente de payasos intimidato-rios.

Fue la primera experiencia sobre la inseguridad de la zona lo que les obligaba a tomar serias precauciones, pues confiarse del compañero del lado en la quebrada que volea pala como cualquiera que sin embargo, está pendiente de cualquier situación aprovechable en su afán de enriquecimiento fácil, no era seguramente lo más aconsejable.

Fueron ocho días para Efraín de la más angustiosa situación, puesto que poseedor de su futuro no atinaba como resguardarlo, solo visitando el sitio donde se encontraba la botella de gaseosa y revisando que toda vía la punta del pañuelo se veía sin que se notara o se encontrara indicio alguno de que había sido desenterrado.

Con sus compañeros de cambuche no había problema, por ser viejos conocidos, pero además existió un juramento de lealtad amen de haber pactado que todo lo encontrado por los tres iría a una cuenta común, la que repartirían algún día, cuando alguno de los tres, o todos, quisieran regresar a su ciudad natal razón por la cual, todos estaban obligados con la seguridad del grupo.

Y así, fueron transcurriendo estos días de incertidumbre, sin que pasara nada anormal, calculando que Don Nemesio hubiere regresado al pueblo, pues seguramente se encontraba en la ciudad de Bogotá, vendiendo lo que en la semana anterior había recolectado.

Transcurrido ese tiempo de incertidumbre pero igualmente de esperanzadora espera, resolvieron programar nuevo viaje al pueblo, sin que nadie se enterara.

Así por el día martes, resolvieron madrugar y siendo las cinco de la mañana, emprendieron camino, uno a uno, tal como lo habían hecho la vez anterior, pero ya con la confianza de conocer el camino y el porte del arma blanca cuya compañía les proporcionaba cierta seguridad.

A las ocho de la mañana estaban arribando a Muzo, en donde cada uno tomo un café con pan, pues la economía en ese momento no daba para más.

No perdieron tiempo y una vez consumido el café y el pan, salieron al parque de la población, sitio que todavía a esa hora se encontraba solo, pues sus habituales concurrentes empezaba a llegar hacia las nueve o diez de la mañana, hora en la cual ya se podían observar cob mayor nitidez las gemas a comprar

No hacia un cuarto de hora que habían ocupado sendas bancas del parque, cuando oyeron una conocida voz que les decía:

Hola muchachos, ¿tan rápido se "enguacaron"[25] ...?

Si, le contesto Efraín... a Dios gracias...

¿Que encontraron... me van a vender?

Claro don Nemesio, lo estábamos buscando... tal como le habían prevenido sus colegas; y, procurando que nadie a su

---

[25] Encontrar un tesoro escondido

alrededor se diera cuenta, Efraín le mostro la "guaca" a Nemesio quien la observó detenidamente dándole vueltas entre sus dedos y cogiéndola con su pulgar y el dedo índice, la levanta arriba de sus ojos para poder observar su transparencia con la luz del sol que acababa de despuntar en el horizonte…

De lejos observaban algunos comerciantes que habían notado la presencia de los tres muchachos, ocho días antes, y quienes para todos eran desconocidos; entre ellos se encontraba, el comerciante que tan gentilmente le había suministrado los cinco mil pesos, en la pasada oportunidad.

- Que tapados… no que nó?

- Ese Nemesio los tenía amarrados… comentaban

- *Y cuánto vale muchachos?* pregunto Nemesio

Pues nosotros no sabemos de precios, cuanto me va a dar... le contestó Efraín.

- *Pues la piedra es suya, como le voy a poner precio le contesto Nemesio....*

- *Pues ofrézcame Don... con confianza, creo que Ud. no me va a engañar...*

- *Bueno, yo le voy a ofrecer, pero si se me va la mano en el precio, pues yo quiero ayudarlos, Uds. tienen que darme la revancha...*

- *Claro Don Nemesio, nosotros no le vendemos a otra persona, pues Vd. es la única que le tenemos confianza...*

- *Gracias muchachos...*

- La verdad es una piedra muy bonita, pero las esmeraldas no tienen precio… el precio depende de quien la tenga… afirmo Nemesio

Y cuanto me da… replico Efraín

- Yo le voy a dar Un millón dos-cientos mil pesos[26]*… creo que no le han ofrecido más, verdad muchachos?*

- Pues don Nemesio, no la hemos ofrecido, pero si Ud. cree que eso vale, está hecho el negocio.

- Bien muchachos, si se me fue la mano me dan el desquite. bueno…?

---

[26] En esa época, el dólar se cotizaba a diez y seis pesos colombianos.

- Claro que si Don Nemesio, que gane… esto es pacto de caballeros, nosotros le seguimos vendiendo…

Y los llevó para el Banco Agrario, y allí les contó la plata aconsejándole a Efraín que de una vez abriera una cuenta de ahorros, pues no debía de andar con tanto dinero en efectivo, consejo que aceptó, dejando algo para los gastos, pero procediendo a abrirla con tres firmas titulares, lo que fue sorpresivo para sus amigos de aventura a pesar de que así habían quedado, pero necesario para la consolidación de una gran amistad, pues se estaba cumpliendo con el compromiso de una caja común para los encuentros por parte de cada uno de ellos.

Llenos de felicidad por el precio que habían alcanzado, se dirigieron a conseguir en arriendo una habitación en el pueblo, para salirse del miserable cambuche en que les había tocado dormir desde hacía dos meses de su llegada a la mina, sellando así una fraternal amistad y una sociedad de negocios, pues nadie sabe quién podría ser el segundo "enguacado".

Se fueron los tres a una habitación sin lujos, pero decente, con baño y todas las comodidades, costeada por los tres, encabezados por Efraín a pesar de que no habían hablado de ninguna sociedad de participación en la labor que estaban desarrollando, pero fue una forma de reconocer la lealtad y solidaridad que habían demostrado sus amigos y compañeros para con el primer afortunado del grupo.

Lo que cada uno encontrara era para todos según lo pactado, pues los unía la solidaridad del paisanaje y el hecho de haber llegado juntos, por lo que era un compromiso, en la misma forma, llegar juntos a su pueblo pasara lo que pasara, naciendo así una amistad de mutua ayuda, lo que les daba seguridad entre ellos, por lo menos para la supervivencia y la seguridad económica.

A partir de ese momento, los gastos de estadía corrían por cuenta de todos, pero manejados por Efraín hasta cuando a los otros dos, no se les "apareciera la virgen"[27] con una "guaca" igual o mayor a la encontrada por su compañero, momento en el cual decidían sobre la "gerencia" de los bienes del grupo, pero pactando eso si austeridad en los gastos compromiso que lastimosamente no perduro debido al comportamiento que Efraín empezara a tener respecto de él y de sus compañeros.

Y efectivamente pocos días después, empieza la fiesta y la desgracia, pues Efraín no volvió a la quebrada, dedicándose a negociar en esmeraldas lo que aprovecho para enrolarse e igualarse con los comerciantes mayores, que gastaban a manos llenas su dinero olvidándose prácticamente del compromiso adquirido con sus compañeros y amigos, obligándolos a retirar las firmas de seguridad de su cuenta que en un momento de alegría y de

___

[27] Tuvieran suerte

falso altruismo había permitido estampar en su cuenta bancaria, situación que sin discusión fue aceptada por sus dos compañeros de aventura, dejándolo en libertad para el manejo de ese dinero que al fin y al cabo era el producto de su suerte.

A partir de ese momento, para Efraín no faltaron las mujeres, ni el whisky ni el champán, todo fue una fiesta con pistola nueva en la cintura, gritos mejicanos de euforia con un tarareo fastidioso e incansable de *"sigo siendo el rey",* y en fin, un desorden que sus compañeros de aventura no podían entender, desorden que podía achacarse sin temor a equivocarse a la gran solvencia económica que de una sola palada Efraín había conseguido en la quebrada.

Compro su campero "Nissan" que en esa época se conseguía en $30.000 y que era el vehículo todo terreno muy exclusivo de los comerciantes en esmeraldas; cambio su look, pues ahora vestía con "blue jean" de marca, camisa a cuadros, botas de charro, reloj Rolex seguramente "chiveado" [28] , además de un costoso sombrero llanero cuyo precio se regía por la gran capacidad económica de sus usuarios.

A cualquier hora del día, se montaba en su Jeep "Nissan Patrol" de color rojo al que le había instalado un potente equipo de sonido y cornetas de aire, dando vueltas por el pueblo con el vidrio abajo para no impedirle a la gente reconocer al personaje que iba adentro, acelerando de vez en cuando en forma desafiante, pitando o haciendo sonar sus cornetas para llamar la atención, pues a partir de ese momento había sido víctima de un desesperante narcisismo que lindaba con la fatuta imbecilidad.

Era la locura del nuevo rico, del minero recién enguacado sin frenos inhibitorios con comportamientos extremadamente exage-rados; su mente mostraba una faceta de personalidad, muy cercana a

---

[28] falsificado

la enfermiza psicopatía de un súper inflado ego que pronto caería en el narcisismo.

Fue una actitud momentánea que "solo le duro casi dos años", mientras acababa con el capital que fácilmente se había ganado, pues nunca recapacitó que esa había sido una linda oportunidad que le había dado la vida y que bien podía no volverse a repetir, como jamás se repitió, porque "habiendo sido tan famoso", le era imposible volver a la quebrada como cualquier mazamorrero, habiendo quedado su alma presa con los barrotes infranqueables de su maldita y exagerada vanidad.

Perdió a sus amigos con quienes había llegado y a quienes desplazó con su maltrato y abusivo comportamiento nuevamente a la quebrada, pues él no podía andar con gente tan pobre como lo eran ellos, por lo que éstos resolvieron olvidarse de Efraín y seguir su camino en la quebrada con la ilusión de que algún día, ellos contarían con la misma suerte, lo que así sucedió en tal proporción, que valió la pena el sufrimiento que todo mazamorrero tiene que enfrentar, asumir y aceptar en la quebrada.

El siguiente enguacado fue Carlos con una esmeralda que Nemesio le dio $700.000 que consignó en su cuenta de ahorros, dejando para sus gastos únicamente la suma de $5.000

La experiencia de Efraín, quien súbitamente cambiara su comportamiento como efecto del dinero no muy fácil adquirido pero de sacrificios fácilmente olvidados, los había hecho recapacitar y decidir formar una sociedad de hecho entre ellos dos, con reglas claras:

Todo lo encontrado por cualquiera de los dos, pertenecía a un fondo común que se liquidaría únicamente cuando de común acuerdo decidieran abandonar la región para regresar a su terruño de origen, dinero que solo dividirían estrictamente por dos, en el Banco de su pueblo natal, abriendo cada uno su cuenta personal, la que alimentaban con fondos retirados igualitariamente de la cuenta principal de la sociedad.

Andrés entusiasmado con la propuesta, pues hasta ahora no habían conseguido sino para el sustento diario, propuso abrir una cuenta de ahorros común, propuesta que fue aceptada por Carlos poniendo sus $695.000 como capital inicial para abrir esa cuenta con la doble firma de los socios de hecho, por lo que se podían hacer consignaciones individuales pero los retiros que debían se austeros e igualitarios, tenían que llevar las dos firmas de sus titulares.

Así pasaron los días y las semanas, siendo Carlos el de más suerte, pues había ya consignado a la cuenta común, más de un millón de pesos, por lo que Andrés no desfallecía, siendo el primero en levantarse y llegar a la quebrada con el único fin de poder contribuir algún día con el aumento del fondo común.

Un buen día, eran las cuatro de la tarde cuando estando dispuestos ya a retirarse para ir a un descanso, Andrés metió la pala a la quebrada y habiéndola sacado, noto que algo brillaba por lo que se apresuró a lavar la tierra cerciorándose que había sacado una linda esmeralda.

La felicidad embargo su corazón y solo pudo darle un abrazo a Carlos, quien pacientemente había esperado este momento, la que le entrego como agradecimiento a su desprendimiento, pues sin haber rodado con suerte, había en la cuenta común más de $1.500.000 producto únicamente de la suerte de Carlos.

Sabia Andrés que esa piedra encontrada podría costar mucho más que la primera que se había encontrado Efraín, pues era un poco más grande, más pura y más verde.

No se la mostraron a nadie, pues sabían que Nemesio pagaba bien y en efectivo, por lo que resolvieron madrugar al otro día a Muzo para buscarlo y vendérsela, pues ya lo conocían y no podían arriesgarse ofreciéndosela a nadie más, pues todo el mundo se enteraría, publicidad que podría afectar gravemente la seguridad personal de los socios.

Permanecieron toda la mañana en la plaza de Muzo, sin que apareciera Nemesio el comprador que tantos les había ayudado.

En las horas de la tarde, resolvieron averiguar por él, con los comerciantes que se encontraban en la plaza, lo que produjo desazón entre ellos, pues intuyeron que los muchachos estaban "enguacados" por lo que empezó el asedio de estos para que les mostrara la guaca que ellos negaron, pero que no convencían a los viejos perros del negocio.

Uno de ellos les dijo, muéstresela a Nemesio, pero yo les doy más por ella en una actitud de comerciante poco ética, a lo cual respondió Andrés en forma rápida: bueno cuando encontremos algo, por ahora lo necesitamos para que nos preste para el arriendo y la comida, pues él nos conoce y sabe que somos buenas pagas. No sé si cualquiera de Uds. nos pueda hacer ese favor… pedido que desanimó a quienes acechaban por la presunta guaca.

No obstante, lograron averiguar que Nemesio se encontraba en la ciudad de Bogotá y que demoraría más de ocho días en regresar, por lo que tuvieron la tentación de mostrarla a los otros comerciantes, pero con el riesgo de no saber, cuáles eran los serios y los más capacitados económicamente, pues esa piedra debía costar más que la primera que le vendiera Efraín a Nemesio.

El miedo, su lealtad con Nemesio y su sentido de conservación, no les permitió mostrarla a nadie y esperar al conocido, tal como lo propuso Carlos, así les diera menos de lo que realmente valiera la preciosa piedra, pero era mejor la seguridad que un buen precio asumiendo un riesgo que todavía no conocían ni querían conocer. Además a Nemesio le debían el respaldo que les brindo desde el comienzo y la seguridad que en este momento tenían reconociendo su excelente comporta-miento y seriedad en los negocios además de la autoridad y respeto que se percibía dentro del gremio de compradores.

Así, regresaron a la quebrada pero con la pesadumbre de tener que esconder esa piedra por ocho días, pues no se podían exponer cargándola en el bolsillo máximo cuando ya se había regado la bola de que ellos estaban "enguacados", lo que era un peligro si llegaba a oídos de la gente que vivía del mal, por lo que era necesario aparentar que estaban muy necesitados.

Decidieron entonces dejar caer la noche, echar la piedra en un frasco de mermelada con agua y ambos dirigirse hacia el monte en busca de un sitio poco accesible, abrir un hueco y enterrarla, memorizando el mapa cartográfico para lo cual seleccionaron tres piedras que pusieron distantes cinco metros una de otra, formando un triángulo regular y en el centro de él, enterrar el frasco con la piedra encontrada, clavando un chamizo tan delgado que no despertara sospechas.

Fueron ocho días de gran tensión para los socios recién "enguacados". Al fin llego el día que calcularon que Nemesio ya se encontraba en Muzo, y allí se dirigieron a hablar con él portando la piedra que tan celosamente habían guardado.

Por esta piedra, les dijo:

Voy a darles tres millones de pe-sos, pero no tengo toda la plata. Si me la quieren vender, cuento con un millón de pesos que les entregaría ya y Uds. me esperarían ocho días más a que yo viaje a Bogotá y regrese con su dinero restante.

Y se miraron entre ellos, no se dijeron nada, pero Carlos dijo:

No hay problema don Nemesio, yo sé que Ud. nos va a cumplir...

¡Oye amigo...! le contesto Nemesio con tono de reproche

Aquí la palabra es ley...

Está hecho el negocio don Nemesio...nosotros confiamos en Ud.

Así Nemesio les contó el millón de pesos, y los muchachos corrieron al banco agrario a consignarlos en su cuenta común…

Y regresaron a la quebrada a trabajar con más ahínco, pues ya contaban con más de tres millones de pesos en la cuenta de ahorros común que no podían retirar tal como lo habían pactado, más lo que les debía Nemesio ajustaban cinco millones de pesos, de lo cual se descontarían los retiros comunes que se habían realizado y que se realizaren en el futuro.

Siguieron pidiendo ayuda a los comerciantes, quienes les colaboraban, pero nunca pensaron que esos que lastimosamente pedían, ya eran dueños de un gran capital, pues el dólar se cotizaba en esa época, a más o menos diez y seis pesos colombianos.

Mientras tanto Efraín, gozaba de la vida de los negocios, pero poco a poco se descapitalizaba, pues un millón y medio de pesos aun cuando era mucho dinero, era muy poco para el tren de gastos en que su indisciplina y hedonismo lo habían sumido, máximo cuando su vida de comerciante no fue fructífera, pues si bien unas veces ganaba en los negocios, otras veces perdía lo que, sumado a sus gastos, desbarajustaba gravemente su patrimonio.

¡Pero él era feliz y mucho se divertía...!

Era lo más importante como el mismo lo pregonaba.

La plata se gasta, ¡pero el indio se divierte...! sentenciaba

Pasaron dos años aproximadamente, cuando Carlos y Andrés resolvieron regresar a Pacho, su pueblo natal, pues el gerente del Banco de Muzo, graciosa y picarescamente les había sentenciado:

Ya no les puedo recibir más plata..!

No preguntaron por Efraín, pues por las malas lenguas se sabía, su comportamiento en Muzo, en donde él se creía un magnate de las esmeraldas, fama proporcional con su gran esplendidez, que poco a poco se acababa debido a su gran estupidez.

REGRESAR

CAPITULO IV

El regreso de Efraín

Traumático fue el regreso a su pueblo natal, de quien saliera de la región minera por motivos de seguridad personal, pues en los pocos años que permaneció en las minas hizo muchos amigos de bolsillo, los cuales cuando le husmearon su pobreza, lo trataban con indiferencia; desaire que provocaba la cólera de Efraín, buscando constantemente camorra sin causa a quienes habían sido sus amigos y eficientemente le habían ayudado a gastar la fortuna que nunca regreso a su bolsillo.

Para esa época ya no era el hombre simpático, buena gente, gracioso, cariñoso y verraco, adjetivos que solo utilizaran sus amigos para adularlo siempre que gastaba trago y les pagaba el servicio que les prestaban las mujeres en sus innumerables francachelas que terminaban con abrazos y besos para el héroe que sin medida gastaba su dinero.

Para esta época ya no era el "patroncito" como solían llamarlo, sino un fastidioso, desagradecido, malhablado, facineroso, busca pleitos, atenido y limosnero.

No pocos fueron sus "amigos" que envuelta en papel periódico le devolvieran su amistad, pues a pesar de su quiebra no pudo cambiar su exhibicionismo y petulancia que antes era tolerada y bien admirada, pero ahora se tornaba en repugnante e insoportable.

Y así llegó a su pueblo natal, derrotado, sin esperanzas, pero con una gran dosis de resentimiento y violencia, aprendida en la región de las esmeraldas en donde sobra la temeridad de sus gentes, aumentada por su situación económica y agravada por la experiencia que le había dado la esquiva riqueza, que hoy no tenía ni podía compartir con nadie como consecuencia de no haber tenido el tino suficiente para administrar la fortuna que en pocos días había conseguido con relativa facilidad.

Por el contrario, encontró la mala noticia de la muerte de su padre y lo poco que le correspondería de herencia, pues "El Ocaso" la Hacienda grande que todos pensaban que pertenecía a la sucesión, su dueña era Carolina la "querida" de su padre y madre de sus medios hermanos que nunca conoció, hasta el día en que fue a reclamarla como parte de la presunta herencia, habiéndose informado que esa Hacienda desde tiempo muy atrás pertenecía a persona distinta de su padre por lo que se enojó y creyó que todo era una patraña; un engaño para poderse robar la herencia de su padre, situación que no podría permitir.

Violenta fue la reacción contra Carolina en presencia de sus hijos, los medios hermanos que no conocío, amenazándola de muerte si no le desocupaba la hacienda y se la entregaba como heredero legítimo de su padre.

Gritaba que él era esmeraldero y como tal no se le rajaba a nadie y que la próxima vez que volviera tenía que estar la finca desocupada, pues no quería ver a nadie en posesión de la Hacienda "El ocaso", la que supuestamente y con firmeza creía que era de su padre, pues en realidad la presencia de su padre en tal hacienda era consuetudinaria por un motivo que nadie se imaginaba, secreto que solo Carolina y el viejo sabían.

Y efectivamente volvió a los quince días y como encontrara a los mismos ocupantes, arremetió contra ellos utilizando su bordón; hiriendo a Carolina y produciendo lesiones a sus medios hermanos que no conocía ya que jamás supo de su existencia, lesiones que fueron denunciadas, conocidas e investigadas por la autoridad policiva respectiva.

Santiago hijo de Carolina, era un joven volantón que contaba con 20 años de edad y por lo tanto fue el más lesionado, pues se atrevió a enfrentarse al "valeroso" esmeraldero que le pegaba a una mujer indefensa, la cual era su madre situación que hirió profundamente su corazón aflorando los mas recónditos sentimientos de venganza.

La ofensa era muy grande y por lo tanto, la defensa de su madre le tocaba asumirla con decisión. No lo pensaron más y arremetieron contra él, formándose una gresca de grandes proporciones y quedando consolidada una enemistad que seguramente terminaría en tragedia.

Y más de ira se llenó Efraín, cuando supo que Carlos y Andrés sus compañeros de aventura en las minas de Muzo, a quienes por pobres dejara tirados en la quebrada, eran unos prósperos y ricos ganaderos de la región, gracias a las minas de esmeralda y a su diligencia y cuidado para manejar el dinero, pues afortunadamente no se dedicaron al desordenado derroche y dilapidación que habría empobrecido a quien había sido su amigo y compañero que hoy se tornaba violento y agresivo, queriendo acabar con el mundo que solo era su testigo, pues nada tenía que ver en su desgraciada situación.

Y no pasaron cinco días, cuando regreso a la hacienda "El Ocaso" desafiante y soberbio a decretar su ultimátum:

Se van, o cuando en un mes yo regrese los mato y aquí mismo los entierro...!

Fue su fatídica sentencia...!!!

Tanta era la seguridad de su amenaza y la violencia proferida en su designio, ¡que efectivamente le creyeron…!

Fue un mes de desasosiego para Carolina, la dueña de la finca que con furia reclamaba el frustrado esmeraldero, pensando qué podía pasarle a Santiago el mayor de sus hijos que había tenido el valor de enfrentarlo, pues en tal refriega él había acertado en darle un golpe en la cara que inmediatamente le produjo una hinchazón en su rostro, y que se sabía, no podía perdonar el envalentado y audaz personaje venido a menos y empobrecido por su alocado proceder.

De regreso a su casa, Efraín maldecía y prometía que esa vieja hp no se podía quedar con su fortuna, la que su padre le había dejado, y que su hijo, Santiago su desconocido medio hermano, tenía que pagar las consecuencias, pues tenían que aprender a respetar a quien había estado en las minas.

Eran las diez de la mañana del día en que debía de cumplirse la amenaza, cuando se oyó un estruendo a lo lejos, como un disparo de arma de fuego.

Había caído acribillado por un certero tiro de escopeta Efraín el hijo de don Ramón, medio hermano de Santiago e hijastro de Carolina, aventurero que por las malas quería quedarse con la Hacienda "El ocaso" de propiedad indiscutible de Carolina, la amante de su señor padre.

Alguien aviso a la policía en las horas de la tarde, sobre el disparo que habían escuchado dos días antes y la coincidencia del revoloteo de gallinazos por la zona, por lo que el comandante le ordenó a una patrulla investigar, solo hasta el día siguiente, pues el sitio denunciado era de difícil acceso por la imposibilidad de llegar en carro, pues el camino no lo permitía y para llegar al sitio era necesario madrugar.

■ ■

Eran las dos de la tarde, cuando la patrulla enviada, pasando por el lugar donde presumiblemente el testigo había escuchado el disparo, vio como efectivamente revoloteaban los chulos, por lo que pensaron:

Aquí debe haber un mortecino...

Investigaron por los alrededores del camino, cuando junto a la quebrada en una empalizada, se encontraba un cuerpo sin vida y cerca de él, una escopeta recortada como si la hubiera tenido terciada debajo del poncho y tapado el cadáver con chamizos y ramas, ocultando el cuerpo o queriendo esconderlo para que no fuera encontrando.

Avisado el alcalde de la localidad por la patrulla de policía comisionada, ordenó a su Inspector de Policía dirigirse al lugar, junto con el personal especializado, con el fin de realizar el levantamiento de un cadáver, lo que se hizo hasta el día siguiente elaborando el acta de levantamiento en donde incluía los detalles del hallazgo y ordenando el envió del cadáver para medicina legal con el fin de identificarlo, determinar la causa de su muerte e iniciar la investigación para determinar las circunstancias que rodearan el hecho, por tratarse de una muerte violenta tal como de antemano se podía observar.

Era Efraín el esmeraldero, el occiso que allí yacía, un hombre que acaba de regresar a la región por lo que se descartaba la existencia de enemigos recientes.

Como presunto indicio contingente, solo encontró el Inspector la denuncia que Carolina hiciera por amenazas que Efraín profiriera para quedarse con la Hacienda que don Ramón le había regalado a ella y para sus hijos, desde hacía más de quince años, casi veinte para ser más exactos.

El Juez Instructor al enterarse del caso y según el informe presentado por

Medicina Legal al Inspector sobre la posible causa de la muerte y como consecuencia la existencia de un homicidio, se apresuró a ordenar la captura de Carolina con el fin de oírla como única sospechosa en el momento, no sin antes oír a Carlos y Andrés, compañeros de andanzas de Efraín de donde se supo la prosperidad de los dos y el fracaso buscado y querido de Efraín, sin que les haya constado ninguna enemistad dejada en la mina ni existente en el pueblo antes o después de su regreso.

Fue así como, muy a las siete de la mañana llego la policía a la Hacienda "El Ocaso" y preguntando por Carolina, la llamaron para que saliera fuera de la finca y mostrándole la orden de captura ordenada por el Juez Instructor, la condujeron hasta el pueblo que queda más a menos a hora y media de camino a pie, pues no contaban en esa época, con carretera viable para vehículos.

Sus hijas que en ese momento la acompañaban, sin entender lo que estaba sucediendo, se pusieron a llorar y una de ellas corrió al potrero en donde se encontraba su hermano Santiago realizando alguna labor agrícola y le aviso sobre la captura de su madre por parte de la policía.

Santiago, desesperado preguntaba por qué se habían llevado a su mamá y uno de los trabajadores de la hacienda que llegaba justo cuando la detenían, oyó que la policía le decía que estaba sindicada de la muerte de Efraín el hijo de don Ramón, pues ella era aparentemente la única enemiga del difunto.

Era casi media hora la ventaja que llevaba la policía que conducía a su mamá, cuando un kilómetro más o menos antes de ingresar al pueblo, después de angustiosa carrera, Santiago los alcanzó y desde lejos les gritaba con desesperación en repetidas ocasiones y en diferentes tonos y formas:

Fui yo, suelten a mi mamá!

La policía decidió esperar a quien así gritaba y cuando estuvo cerca, les ratificó:

Señores policías, suelten a mi mamá, ¡pues fui yo el que mato a Efraín...!

Ante tal confesión, la policía resolvió presentarlos a los dos ante el juez que había ordenado la captura de Carolina...

La mujer enmudeció, pero Santiago insistía en su culpabilidad, pues no permitía que sus hermanas quedaron solas y a la deriva por lo que el juez Instructor resolvió oír a Santiago en indagatoria y soltar a Carolina su madre, después de oírla en indagatoria, pero con la advertencia legal, pues al fin y al cabo el derecho la amparaba, para no declarar en su contra o en contra de su hijo, mientras que Santiago confesaba el delito y se responsabilizaba de la muerte de su medio hermano no sin antes relatar el injusto acoso que el finado ejercía sobre su madre, los insultos y las agresiones que éste le profiriera a su progenitora.

Hechos los tramites de rigor y habiendo oído algunos testimonios que no aportaban nada fuera de la escabrosa, temeraria e irresponsable historia del quehacer de Efraín en las minas, una vez llegado el resultado de la necropsia efectuada sobre el cadáver de Efraín, ordenó cerrar la investigación y enviar el proceso para Bogotá, junto con el confeso detenido donde un juez superior, el cual se encargaría de la suerte judicial del procesado, ordenando su internación intramuros en la cárcel la Modelo de Bogotá, sitio en donde debió soportar los rigores de una detención, que no puede ser fácil para un joven muchacho campesino sin ninguna experiencia y apenas recién cumplida la mayoría de edad.

Así, su experiencia fue traumática a pesar de que afortunadamente le fue asignado un patio en donde no había reincidentes, sino más bien gente acomodada que por diferentes circunstancias iban a parar a ese sitio de reclusión para indiciados y hasta procesados, pero no para condenados, por lo que el patio no era de mayor peligrosidad, amén de haberse considerado seguramente, su origen campesino.

Un año después, el Superior califica el mérito del sumario, y con concepto favorable del fiscal, en aquella época representante del ministerio público, lo llama a juicio ante jurado de conciencia por el delito de homicidio agravado por la premeditación y el parentesco existente entre el occiso y el sindicado, hoy procesado, parentesco que se dedujo de la versión de la madre que manifestó que don Ramón era el papa, tanto de Santiago como de Efraín el occiso.

Su confesión como incriminado era patética, pero tan creíble y poco sospechosa, que el juez de conocimiento no se preocupó, debiendo hacerlo, por observar la prueba técnica arrimada al sumario, las cuales habían sido aportadas por el juez instructor, como parte del formalismo consagrado en el procedimiento, pero sin que tampoco se enterara de algunas contradicciones existentes que surgían de su comparación con la casuística del caso.

Como venía tramitándose el proceso con abogado de oficio residente en Pacho, era necesario nombrarle un abogado de oficio residente en Bogotá para notificarle el "llamamiento a juicio"[29], con el fin de no violar su derecho a la defensa y que, como todo ciudadano tuviera el derecho que consagra la constitución.

Ninguno de los abogados conocidos que trajinaban en lo penal, se encargaban del caso oficiosamente, por lo que

---

[29] *Auto dictado mediante un estudio probatorio ponderado del sumario hecho por el Juez, lo llama a juicio ante un jurado de conciencia*

hubo de nombrarle un estudiante de derecho para cumplir con el requisito procesal y no violar su derecho de defensa, estudiante que una vez notificado del auto calificatorio, dejó pasar algunos días para renunciar, alegando que estaba para graduarse y no podía comprometerse con la defensa.

Y así el juez les rogó a varios abogados, famosos y no famosos conocidos dentro del rol del litigio penal, pero nadie se quiso hacer cargo de la defensa al leer la escalofriante indagatoria rendida por ese procesado, por lo que resolvió hacer uso de los poderes que la ley le otorga y le nombre defensor de oficio por autoridad de la ley, como cargo de obligatoria aceptación.

REGRESAR

CAPITULO V

Del Llamamiento a Juicio

No fue fácil nombrarle abogado de oficio al procesado Santiago, por cuanto como ya lo anotamos, al enterarse los abogados de la confesión del procesado, producía cierto inconsciente repudio en el ánimo de los profesionales, olvidándose por el momento, que todo abogado está obligado a aceptar las defensas que de oficio le asigne un juez de la República, pues así lo establece el respectivo código que regula la labor ética de los abogados profesionales.

Hubo sin embargo un abogado joven que maduraba en las lides del derecho penal y que había realizado repetidas audiencias en el juzgado que precisamente llamaba a juicio a Santiago, habiendo en sus contadas intervenciones obtenido justas decisiones del jurado que el juez compartió, pero no con el mejor entusiasmo; no porque el jurado presuntamente se equivocara, sino por el especial personalismo del juez que poco le agradaba que le contradijeran las decisiones tomadas en sus llamamientos a juicio, pugna que surgía como consecuencia de la autoridad con la que la Constitución y la ley investían al jurado; por lo que su experiencia como abogado penalista se encontraba garantizada para tan escabroso caso pero que necesariamente la constitución ordenaba garantizarle la defensa.

Algún día, que ese abogado se presentara al juzgado para notificarse de alguna decisión tomada por el juez en un proceso de su interés, estando en la secretaria del Despacho firmando la respectiva notificación, salió el juez a la secretaria abandonando el escritorio de su Despacho, cuando llamando la atención del abogado que se encentraba presente mediante un cordial saludo, éste lo requirió diciéndole:

Dr. le tengo un casito para que me colabore…

Claro que si Dr., le contesto el profesional, sabiendo que no podía negarse, amen de que el ejerció profesional para él era todo un deleite

Quiero saber si también se lo gana… comento el juez (?) coincidiendo con la sentencia de la cual se acababa de notificar, comentario que no dejaba de llevar cierta sorna, que el defensor comprendió sin comentario alguno, pues como se dijo, precisamente se estaba notificando de la sentencia que debió proferir en un caso que llevara el abogado… y cuya sentencia era consecuente con el veredicto del jurado que había sido favorable a sus intereses profesionales y que aun cuando no era absolutoria, favorecía ampliamente a su defendido por las atenuaciones concedidas por el jurado.

Sinembargo, el joven abogado quedo aterrado con el personalismo del juez y su fastidioso egocentrismo, pero inmediatamente y sin comentario adicional, pues siendo una obligación legal, acepto el cargo de defensor de oficio que le ofrecía, lo que parecía más bien un reto impuesto por el juez que el abogado aceptó sin malicia alguna, conclusión que saco después de haber leído el auto de proceder o la acusación como se le llama ahora.

¿Entonces se posesiona Dr.?

Claro que sí, le contesto al Juez... con mucho gusto le colaboro, no tengo problema para hacerlo.

Y el juez, con cierto destello de satisfacción en su rostro, se apresuró a posesionarlo de oficio, pues adivinando su intención despúes de conocer la imputación, seguramente pensaba que era la oportunidad para demostrarle al joven y exitoso defensor, que había casos que no eran defensables.

Extraño comportamiento para un administrador de justicia, que como se entiende, su preocupación debe de ser la de aplicar el derecho con justicia, y no la de procurar sacar avante a como dé lugar las tesis expuestas en sus providencias, que según su ego las considera como verdades reveladas e inmutables.

Recibido el cuaderno de copias para iniciar la defensa, se enteró el abogado, que el proceso se trataba de un homicidio agravado en la persona de un medio hermano del procesado, sucedido en la región de Rionegro municipio de Pacho, y en el que el procesado había confesado escuetamente y sin pudor alguno, su delito.

Leída la indagatoria rendida ante el juez instructor, efectivamente se trataba de una confesión tomada con el rigorismo de la ley procesal, pero sin los detalles inherentes a ésta, pues el procesado una vez aceptada la responsabilidad, resolvió callar su motivación, aun cuando narro con lujo detalles lo referente a su presunta ejecución y el camino del delito que, según él, desarrolló para consumarlo.

Era una pieza procesal que daba escalofrió por la frialdad del relato, la preparación del crimen y los detalles de su ejecución, confesados con verdadero y ofensivo cinismo por el procesado.

Sin embargo, quedaba una duda que no absolvió el proceso; el motivo por el cual tomara esa decisión rompiendo todo vínculo sanguíneo y actuando irreflexiva-mente contra alguien quien aparentemente no le había causado ningún mal que ameritara tal reacción, situación que no justificaba toda la meticulosa preparación que según él hiciere para cometer el delito y actuar sobre-seguro, tal como lo narraba voluntariamente en su dicho.

Esa falta de claridad en la causalidad, inquietaba al defensor, por lo que, sin ser su obligación resolvió visitar al procesado en la cárcel con el fin de conocer detalles del hecho que le podrían servir para la defensa de un caso, hasta ahora totalmente indefensable.

Como de costumbre, el diligente defensor madrugó a la cárcel en donde se encontraba recluido Santiago esperando el juicio que debía enfrentar, con una condena para esa época, muy cercana a los 25 años de prisión, de acuerdo a las causales de agravación que constaban en el llamamiento a juicio, hoy escrito de acusación, cargos formulados en esa época por el juez.

Después de realizar las respectivas diligencias en la oficina jurídica de la cárcel, obtuvo el permiso para entrevistar al preso, y dirigiéndose al lúgubre sitio de entrevistas le solicitó a cualquier patinador o estafeta la presencia del interno a la que se refería la respectiva autorización que el patinador debía presentar en el patio en donde se encontrara el interno.

Después de esperar un cuarto de hora, apareció un muchacho bajito, menudo, de piel tostada por el sol, con bigote a medio poblar, de aspecto campesino y bonachón, pero muy prevenido y bastante introvertido.

Cuando el estafeta le señalo a quien lo había solicitado, éste se quedó mirando al abogado con una seriedad que denotaba desconfianza, sin atreverse a saludar y por el contrario muy esquivo en su mirar.

Buenos días, le dijo el abogado, dibujando en su rostro una medio sonrisa, tratando de romper el hielo…

Buenas, respondió secamente el futuro entrevistado…

Quiero comentarle le dijo el abogado, que me han nombrado como su defensor… Ud. como se llama… requirió el abogado

Santiago, secamente contestó

Ud. ha sido llamado a juicio por el delito de homicidio agravado en la persona de su medio hermano Efraín.?

Sí señor...

Esta Vd. consciente de la gravedad del cargo…

Pues yo no sé Dr…. rompiendo ya su actitud monosilábica

Quiero que Ud. me cuente que fue lo que pasó…

Pues Dr….. Efraín, quería matar a mi mamá y yo me le adelante… ahí quedó todo lo que sucedió escrito en el juzgado.

Bueno, pero quiero saberlo por sus propias palabras.

Pues la verdad casi no me acuerdo, contestó, pero yo si lo mate.

Esta respuesta enfrió la humanidad del abogado y aumento su curiosidad, pues no es posible, que habiendo preparado un crimen con la paciencia y meticulosidad que narró en la indagatoria, ahora no se acuerde…

¿Cómo es posible que Ud. me diga que no se acuerda… o es que no me quiere contar…? inquirió el abogado.

La verdad Dr. es que a mí ya me tienen condenado… entonces para que recordar…

Pero yo soy su abogado y necesito saber toda la verdad para buscar por lo menos una rebaja en la pena...

Nooo… doctor, no se esfuerce, yo ya estoy condenado…

Bueno, le contestó el abogado… pero necesito saber toda la verdad, pues es mi deber defenderlo para que a Ud. lo condenen con justicia, pues, así como estamos, sería la condena muy larga y de pronto Ud. no lo merece…Cuénteme le dijo el abogado con tono suplicante.

Bien Dr. pero yo no tengo remedio…

Resulta Dr. que Efraín, quien resulto también ser hijo de mi papa, regreso de las minas de esmeraldas vuelto un demonio… quería matar a mi mamá sino le devolvía la Hacienda que mi papa hacía muchos años les había regalado a mis hermanos y a mi… pero que estaba a nombre de mi mama…

Como yo oí sus amenazas y me di cuenta de la paliza que le dio a mi mamá… pegándole con el puño y bordón, arrastrándola por el patio de sus cabellos, yo resolví matarlo…

-

Y como lo hizo Vd.…

Ya lo dije en el juzgado Dr.…. usted no me puede salvar…

¿Y por qué no dijo esto en su indagatoria?

Qué Doctor….

El ataque a su mamá…

No lo pensé… de pronto no me creían..., pero mi mama si lo contó y tenía denunciado al muertico…

¿Cierto que no tengo salvación…?

Pues la verdad no… si eso que me cuenta es la verdad…

La crudeza de la confesión, su comportamiento díscolo y displicente, trato de sacar de casillas al abogado…

Bueno muchacho, le dijo...

Nos vemos en la audiencia… pero si me quiere contar con más detalles, me manda llamar, que yo vengo a escucharlo… pues la verdad, no tengo que nada que decir…

Bueno Dr.

Ahí le dejo mi tarjeta de presentación, está mi teléfono… le dijo el abogado… puede llamarme y yo vendré…

Y volvió la espalda sin despedirse, como a quien poco o nada le importara su suerte… además, cuando llego a la entrevista conducido por el estafeta, no tuvo la amabilidad de saludar..

¡Esta defensa está perdida, recapacito en silencio el abogado; el procesado, no me proporcionó ningún elemento para su defensa… no colabora … su personalidad es díscola y muy extraña… pero… lástima es muy joven!

Sin embargo, tanto la justicia como el Ministerio Publico y el abogado, habían cometido craso error, el cual se descubrirá a medida que avance la presente historia.

No paso mucho tiempo cuando el abogado fue requerido por el Juzgado para notificarle la fecha de celebración de la Audiencia…

Quizás no se me olvide, pensó el abogado, pues al caso le había cogido una rara pero no muy grata pereza mental… pues sería la primera vez que no podría sacar nada en favor de un procesado.

Sin embargo, era un profesional muy juicioso y llegada la proximidad de la fecha de audiencia, se puso a leer el proceso, dándose cuenta, según constancia dejada, que la principal sospechosa había sido Carolina la progenitora de

Santiago y como tal, la primera persona en ser capturada.

Desde ese momento, no dejaba de asaltarle la duda del por qué la policía había capturado a la mamá del procesado, pero de pronto, la explicación podría estar en la queja que ésta había instaurado contra el hoy occiso, sin que se encontrare, en ese momento, meridiana claridad para este interrogante.

Sinembargo, leyendo el expediente, se dedicó al estudio de la prueba testimonial, encontrando, la presunta razón de la captura de la mamá del procesado, pues ésta, en varias ocasiones había comparecido ante la policía a quejarse del occiso, según el informe que reposaba en autos, pero desafortunadamente descuidando la prueba técnica por fuerza de la confesión realizada por el procesado, cuya autoría se encontraba probada, mas no los móviles que lo indujeran a violar la ley penal.

Por otro lado, reforzando la sospecha que sobre Carolina recaía, todos los testigos afirmaban que Efraín no aparecía por la región hacía más de tres años, y que no le conocían por lo tanto enemigo alguno que hubiera querido matarlo...

Que eso sí, se podía deducir, había regresado hacía más de siete meses, con un carácter violento, con "ánimos de joder" en la región... pues al parecer no tuvo suerte en las minas, lo que "lo tenía muy resentido" como lo afirmaban algunos testigos.

No obstante, algunos de esos testigos decían que la única persona que tenía problemas con el muchacho muerto, era la mamá de Santiago, por cuanto ella se "quería apoderar de la hacienda" de éste, sin respetar la sucesión, testimonios que no eran conteste con la verdad y de donde se deduce la injusticia del reclamo de Efraín, pues nadie sabía de la relación existente que Carolina tenía como la "querida" del viejo Ramón que explicaba y ratificaba la razón de la existencia de las escrituras de la finca, que certificaban la propiedad a nombre de Carolina la madre de Santiago, desde muchísimo tiempo atrás, pero sin que nadie lo supiera pues tal compromiso se desarrollaba en el más absoluto secreto.

Sin embargo otro testigo manifestó, que era Efraín el que quería sacar a Carolina de la finca que el viejo desde mucho tiempo atrás le había regalado para ella y sus hijos, por lo que el juez instructor, por medio del registro de instrumentos públicos comprobó la certeza de esta sospecha convertida en afirmación, arrimando al proceso la certificación registral de "El Ocaso" predio donde residía Carolina con sus hijos que todos sospechaban eran del viejo Ramón de quien conocían sus habilidades para cortejar a las mujeres.

Dedujo entonces el abogado defensor que el problema se había presentado por una mala y deficiente información existente en cabeza del occiso y que en consecuencia la actitud de Efraín era totalmente injusta para con la "segunda" de su papa y sus medios hermanos que, al fin y al cabo, sin saberlo, llevan su sangre como fruto de un amor que al decir de Carolina, había sido leal y constante, vinculo legal que muchos ignoraban.

Encontró otros testimonios en donde relataban los vejámenes a que había sido sometida Carolina a manos de Efraín, las amenazas que éste profiriera y la actitud pasiva de sus hijos que incapaces observaban como Efraín ultrajaba y amenazaba a su mamá, queriendo apoderarse de lo que no le correspondía, existiendo constancia sin embargo, de que el mayor de los hijos de Carolina la última vez que Efraín había ultrajado y agredido a su madre, éste había salido en su defensa.

Era todo el material probatorio que había, pero que algo decía a favor del procesado, o por lo menos, mostraba una explicación humana de su proceder, pero insuficiente para buscar una justificación en derecho que le pudiera favorecer con una condena más benigna.

La confesión del procesado era fundamentalmente incriminatoria con renuncia a su derecho, pues había dicho que él había preparado la escopeta de fisto que le había prestado algún vecino para que se fuera de cacería; que el dinero que tenía solo le alcanzó para la compra de la pólvora, y que como no tenía plata para la munición, busco tuercas, tornillos, puntillas, esferas y la taco con "harta pólvora" para poder realizar así su cometido. Que él lo pensó y lo hizo solo, sin que hubiera recibido colaboración de nadie, lo que implicaba una premeditación, la preparación ponderada del delito y la ausencia de actualidad e inmediatez en la agresión, que impedía configurar en su defensa una causal de justificación. Afortunadamente nada sabía de su parentesco con el occiso, lo que seguramente se prestaba para quitar esa agravante.

Que el día que Efraín había prometido ir a sacar violentamente a su mamá, madrugó desde las cinco de la mañana y que lejos de la casa, en un sitio de mucha maleza, árboles frondosos pero de obligatorio paso para la casa de la Hacienda, se atrincheró y lo esperó pacientemente, hasta cuando, siendo aproximadamente las diez de la mañana, lo vio venir, levantó el martillo de la escopeta que quemaba el fulminante, puso su dedo sobre el gatillo, y cuando lo tuvo *"cerca, muy cerca"* aprovechando lo frondoso de la maleza que lo mantenía oculto, le disparo *"y ahí quedó sobre el camino"* según sus propias palabras, agregando así, otro ingrediente a las causales de agravación detectadas por el juez:

La alevosía..!

A una pregunta del juez instructor, manifestó que la distancia del disparo no era más de un metro y agrego:

¡Yo necesitaba asegurarlo...!

¿Y que hizo Ud. después de co-meter el hecho?

Me fui para a un potrero, me puse a quitar la maleza y ahí permanecí todo el día…

Por qué actuó Ud. así…. Le pregunta el juez instructor

Y el "sindicado guardó silencio" … dice la constancia en la diligencia de indagatoria.

Pero, ¿qué significaba ese silencio?

No había respuesta, y ante tal eventualidad, era urgente y necesario concebir una teoría que explicara el silencio del procesado, no solamente como constancia existente en la diligencia de indagatoria, sino como hecho que luego se logró percibir durante su interrogatorio en la audiencia.

Y claro, continua el defensor dilucidando…

Ante la gravedad del hecho, por más premeditado que hubiese sido, tenía que haber una reacción de arrepentimiento que, por no ser nada placentera para el procesado lo mejor era callar, sin dar explicación alguna, descontado su juventud y su escaso grado de cultura que no le permitía construir adecuadamente una explicación, pero que era extraño, que por lo menos, no lo hubiera intentado.

Pero esto, obligaría al defensor a pontificar con forzada razón, pero con todo respeto, sobre las aparentes causas que empujaron al procesado a cometer el hecho, para lo cual era necesario echarles mano a las circunstancias que, probadas defectuosamente, nos informan el acontecer procesal, por lo que únicamente se podría construir un par de teorías, sin suficiente respaldo probatorio, lo que se convertiría fácilmente en "pueriles" especulaciones de la defensa.

Quedó probado que Carolina la señora madre del procesado, se había quejado ante las autoridades de policía por el maltrato y las amenazas que le hiciera Efraín, motivo por el cual fue la primera persona sospechosa para los investigadores policiales.

Que Efraín maltrató y amenazó en presencia de Santiago a Carolina su madre y que Santiago era un jovencito que, en esa época solo contaba con una edad de 20 años, edad en la cual, el ser humano puede ser irreflexible, sin poder para calcular las consecuencias de sus actos…

Que como se podrá constatar, Santiago es una persona de baja estatura, de contextura delgada y sin ninguna experiencia ni capacidad física para enfrentar a Efraín, es decir, muy indefenso por su conformación natural, lo que lo ubicaría en un plano de indefensión e inferioridad ante el agresor quien era un hombre robusto, de músculos formados por un arduo trabajo y de una gran experiencia tomada de una vida osada y temeraria, desenvuelta en un territorio violento a lo cual sobrevivió.

Eran los hechos probados, de donde el defensor debía de esbozar su tesis defensiva, a la cual, no le concedía mucha probabilidad de éxito de acuerdo a su experiencia, pues la consideraba muy forzada para obtener el éxito requerido, pero que de todas formas tocaba exponerla para que el jurado resolviera en conciencia y con el poder soberano que le concede la democracia.

REGRESAR

CAPITULO VI

De la audiencia

Como el llamamiento a juicio llevaba poco más de un año, en razón a que ningún defensor se encargaba del caso, el juez se apresuró a nombrar jurados; notificarlos con la mayor rapidez y convocar a audiencia, con un jurado de conciencia como la expresión más pura de la democracia, quienes deberán definir su responsabilidad.

Notificado el defensor, llega la hora para éste de realizar un estudio más profundo del proceso, sobre todo, escudriñar la existencia de una causal que pudiera justificar el hecho o por lo menos sacarle un atenuante a la pena.

Aun cuando el abogado traía en mente dos figuras jurídicas para alegar, quedaban muy difícil sostenerlas ante una acusación del fiscal, que seguramente sería demoledora como consecuencia de la confesión del procesado, la preparación ponderada del hecho y su premeditación, lo que a simple vista demostraría la bajeza de la conducta por la frialdad y el cinismo, sin que criminológicamente existiera nada que lo pudiera justificar.

Sin embargo, el defensor como era su deber, ensayo dos teorías que debería exponer al jurado y que estudio con detalle, pero advirtiéndose para sí, que a cada una de ellas les faltaba elementos configurativos que seguramente ni el jurado ni la fiscalía pasarían por alto.

De todas maneras, pensó el defensor, aun cuando no le apostaría de ninguna manera al éxito de la defensa, había que cumplir con su deber, procurando que con novedosa teoría el jurado le quitara los agravantes, o, que el juez, al tasar la pena no se la agravara hasta encontrar el máximo de ella, pues era innegable que algo había en el fondo de los hechos con respecto a una actitud de defensa filial de su mamá frente a la agresión del recién llegado, o en la "explosión circunstancial" de una ira reprimida del homicida, frente a los desmanes del occiso, cuya actitud difícilmente podrá catalogarse de justa, adecuada ni justificada, pero si explicable y humanamente posible.

A la hora señalada por el juez, el defensor que era muy estricto en el cumplimiento de su deber, llegó al juzgado para averiguar por la sala que había sido asignada para llevar a cabo la diligencia de audiencia y dirigiéndose a ella, encontró al procesado que ya había llegado conducido por tres guardianes de la cárcel quienes lo vigilaban en la Sala, y a la Fiscal Superior de nombre Betsabé que en la misma forma, era una persona muy puntual y estricta en su trabajo.

Buenos días, saludo el defensor…

Buenos días, contestaron los guardianes… la fiscal y buenos días doctor contesto el procesado…

Como la ve Dr…. se apresuró a preguntar el procesado a su abogado.

Pues muy grave le contestó el abogado… a Ud. lo van a condenar…

Y no musito palabra alguna, solo se voltio y se sentó en el banquillo de acusados con cara de resignación y mirada hacia el infinito…

Ud. no me mandó llamar, le recrimino el defensor… no pude saber toda la verdad…

Haga lo que pueda Dr…. yo...

Fue su expresión intentando decirme algo, pero rápidamente se arrepintió.

En instantes, llegó el juez acompañado por su Secretario y los jurados que debían definir la suerte del procesado razón por la cual, toda el auditorio de puso de pie.

Al observar los jurados, se veían personas cultas, respetuosas y de agradable comportamiento; tomaron los asientos asignados para el jurado en la sala de audincias, con actitud seria y una mirada perdida, como si no quisieran contaminarse al cruzar la mirada, con cualquiera de los protagonistas.

No se vio que miraran al procesado, durante todo el tiempo que duró la intervención de la fiscalía, que fue incisiva pero respetuosa, solicitando la condena de quien no habiendo conocido el perdón, no tuvo la suficiente caridad con su medio hermano para no quitarle la vida, habiendo tenido tiempo suficiente de arrepentimiento, pues el *iter criminis* desarrollado por el procesado se lo hubiera permitido en cualquiera de los pasos, que en el tiempo utilizó para la preparación del delito, que sin que el más mínimo sentido de caridad y compasión se atravesara al hecho que se propuso cometer, afirmo categóricamente la acusación representada por el Ministerio Publico.

Tenía la fiscalía la razón, pues tal como lo afirmaba el proceso sin mirar el lado oculto que existía, pero que nadie acato encontrarlo e investigarlo; el crimen era execrable y digno de todo reproche.

Y fue una intervención de la fiscal, digna de aplausos por su coherencia y al final con solicitud de condena al jurado, dejando al juez a su arbitrario tasar la pena, pero solicitando severidad por las circunstancias que presuntamente rodearan la ejecución del hecho.

Concedida la palabra al defensor la toma muy apabullado por la clara intervención fiscal, pero poco a poco se fue reponiendo, a medida que relatara las andanzas de Efraín; su vida licenciosa contada por uno de los testigos y su afán desmedido de conseguir dinero para darle rienda suelta a su vanidad; poco a poco se fue cogiendo confianza el defensor, confianza a la que contribuyo, la esmerada atención que el jurado le prestaba a cada una de sus palabras.

Relató cómo Carolina muy joven, había sido conquistada por don Ramón; viejo perro de la región con mucho dinero y varias haciendas, que no alcanzaban a satisfacer la codicia de Efraín, máximo cuando tenía que compartir con los innumerables hijos que regados había dejado el rico hacendado en cada vereda municipal, los que como siempre, aparecían al momento de la sucesión, existiendo ya varias demandas para su reconocimiento, situación que tenía a Efraín enardecido, no por los deslices de su papá, sino por el alto número del divisor de la herencia, frente a su dividendo.

Pero no era el caso de Carolina ni de sus hijos, pues habiendo sido "la especial" de don Ramón, el viejo quiso asegurarla desde tiempo atrás, escriturándole la Hacienda "El Ocaso" la que era reputada en la zona como de propiedad de Carolina, al igual que de sus hijos, pues nadie se atrevía a preguntar por el papá de ellos, pero si sabían de las continuas visitas de don Ramón a la Hacienda, que aun cuando no eran muy frecuentes en los últimos años, aprovechaba las temporadas de cosecha para asesorar a Carolina en la parte administrativa, especialmente en las ventas de sus productos.

Pero en la casa de don Ramón, nunca supieron que el viejo le "había vendido" la Hacienda a Carolina, pues siempre que se ausentaba, era con el pretexto de darle vuelta a "El ocaso" que quedando muy retirada del poblado era mejor quedarse allá hasta cuando, según él, terminara su labor; reorganizar la finca y dejar las ordenes a cumplir, lo que en tantos años se había vuelto una rutinaria costumbre aceptada por su familia legitima.

Y en cuanto a los hijos de Carolina, nunca se supo quién era el papá, pues solo sabían que ella se había separado de su marido sin que hubiera vuelto a contraer nupcias con nadie, no contándole a sus hijos sus cuitas, andanzas o bienaventuranzas, seguramente por pedido de don Ramón, situación que aprovecho Carolina para callar y nunca tocar el tema, pues don Ramón por su edad, podría ser, no el papa, sino el abuelo de sus hijos debido a la gran diferencia de edad existente, situación que para don Ramón no dejaba también de ser inconveniente y perturbadora situación, sobre todo, cuando en su presencia, alguien piropeaba a Carolina sin saber de su relación existente con el viejo, lo que hería gravemente su corazón y ponía en prueba su tolerancia que con gran tino sabia manejar.

Afortunadamente, ella guardaba compostura cuando se presentaban estas incomodas situaciones, las que en secreto eran compensabas con una tierna mirada y un cariñoso beso al viejo presuntamente ofendido.

De manera que Efraín murió, sin saber que quien lo había matado era su medio hermano y en la misma forma, Santiago mato a Efraín sin saber que su víctima era hijo legítimo de su papá, que conoció, pero que nunca supo que era su progenitor, pues fue un secreto que el viejo se llevó hasta su muerte, pero que por circunstancias hubo de enterarse en la forma más cruel, siendo este un buen punto para la defensa en la discusión del agravante por parentesco.

Esta situación tenía que tener sus consecuencias jurídicas, pues la ley penal no mira hacia la objetividad del hecho sino hacia la subjetividad de la acción.

Y así lo explica el defensor al jurado, atacando la causal de agravación impuesta, pues aun cuando se dijo que Efraín era medio hermano de Santiago no se probó, como qué, tampoco se probó que Santiago estuviere enterado de tal hecho, por lo que el defensor le pidió al jurado que en caso de veredicto de condena le quitara el agravante.

Y así lo explicaba el defensor, pues si se hubiera probado documentalmente el parentesco del occiso con el procesado, y éste en la realidad no estuviere enterado de tal situación, nos encontraríamos ante una responsabilidad objetiva que no es punible, por falta del elemento subjetivo, es decir, del conocimiento real y verdadero de esa situación por parte del victimario, antes del hecho o concomitante con él.

Pero la prueba nos arrojaba, que el procesado no estaba enterado de quien era Efraín su hermano, solo de la persona que iba a su casa a ultrajar a su mamá, amenazarla y pegarle, afirmaba con énfasis el defensor, pues se presentaba como hijo de don Ramón, el viejo que de vez en cuando se quedaba en la hacienda aconsejando a Carolina en cuestiones de administración, pero jamás pensó que don Ramón era su papa, pues bien oculto se lo tenían, y así desafió a la fiscal, como era su estilo, que probara lo contrario para lo cual, desde ya le aceptaría la interpelación.

El parentesco entre procesado y víctima, había nacido de la denuncia que pusiera Carolina en contra de Efraín, donde lo identificó como hijo legítimo de don Ramón, la persona con quien había procreado varios hijos como consecuencia de una libre relación sentimental, por lo que la frecuentaba, siendo en realidad esa Hacienda de propiedad de Carolina, por lo que las pretensiones de Efraín no tenían fundamento legal alguno.

De ahí, deduce el juez el parentesco entre la víctima y el victimario construido mediante este indicio contingente, sin que existiera otra prueba al respecto, pero si, una causal de agravación existente en la realidad, pero sin prueba documental en el proceso.

Se daba el error de hecho, explica el defensor, que por ser invencible no podía tener consecuencias punitivas y, por lo tanto, la calificación de homicidio agravado por el parentesco, se caí en derecho, haciendo el defensor esfuerzo para que el jurado así lo entendiera y por lo menos le quitara el agravante en el caso de que se produjera, como era lógico, un veredicto condenatorio.

Cuando esta teoría se exponía, uno de los jurados inconscientemente asentía con la cabeza, y en su mirada se notaba el claro entendimiento del problema, lo que le dio mucha más confianza al defensor, que con más fuerza y destreza expusiera su siguiente teoría.

Pero hablemos de lo sucedido en la vereda "La Laguna" del municipio de Pacho, decía el defensor, como consecuencia del regreso de la maldita codicia en cabeza de Efraín, insatisfecha por culpa de su desorden que probando las mieles de la riqueza, su insensatez y su vanidad lo tiran al abismo de la pobreza, cambiando su actitud de muchacho bueno que la gente conociera, en el resentido y agresivo ser que, sin importar la forma, quería satisfacer su irrefrenable deseo de enriquecerse, buscando la forma de recuperar a sangre y fuego su grave y espantoso derroche.

Efraín, señaló el defensor, regresaba de las minas de Muzo, huyendo del desprecio que se ganó como consecuencia de su vida licenciosa, obteniendo la enemistad de quienes lo rodeaban, pues paulatinamente, a media que acaba con el capital que en un golpe de suerte había obtenido, se volvía ordinario y agresivo con quienes habían sido sus amigos de farra, a los que nunca dejó gastar, pues no permitía pagar a nadie, pues solo él era el poderoso magnate que tenía un "dinero inacabable".

Pero se divirtió, hay que aceptarlo, y mucho, pues degustó los mejores licores y conquisto las más caras prostitutas a las que muchas veces les pagaba, solo por tener el placer de bailar toda la noche, cuando su hombría desfallecía ante el exceso de placer.

Solo le quedaba la chatarra del "*Nissan Patrol*" que le sirvió de costosa vitrina para demostrar su efímero poderío, pues algún día, lo echó a rodar por un barranco como consecuencia de su irresponsable alicoramiento, habiendo salido ileso al igual que sus acompañantes, pero quedando el carro totalmente destruido, el cual vendió para regresarse a su tierra, no sin antes, pegarse su última borrachera.

Así llegó a su tierra con el recuerdo de lo que fue; de sus noches de lujuria y desenfreno recordando las adulaciones de sus amigotes mientras pagaba las costosas cuentas, pero sin que cambiara su carácter violento, pendenciero e insolente pues su humildad a había quedado enredada en los recuerdos licenciosos del placer.

Queriendo huir del mundo en el cual no supo vivir, recordó la hacienda que no conocía pero que supuestamente era de su padre, lejos del pueblo, pero en hora buena una solución para desahogar su amargura por lo que pudo haber sido, si como lo hicieren sus amigos no se hubiera enloquecido con tan poco para darle rienda suelta a su "enfermizo desenfrenó", pero que hubiera sido mucho y de sobra, para organizar definitivamente su vida tal como lo hiciera Andrés y Carlos sus amigos de aventura, ahora potentados finqueros, lo

que aumentaba más su amargura traduci-
da por su insolencia y su resentimiento.

Y continuando el relato, el defensor aseguraba:

Así fue como se dirigió a La Hacienda "El ocaso" convencido de que era
de propiedad de su padre, con el fin
desalojar a los que la poseyeran, encon-
trándose con Carolina la amante de toda la
vida de don Ramón, quien al enterarse de
las pretensiones del visitante, le alego ser
la propietaria de la hacienda, lo que Efraín
no creyó, pues cuando viajaba su difunto
padre a ese lugar. lo hacía a ojos de su
familia como propietario de esa hacienda,
por lo que siempre habían creído que
pertenecía a Don Ramón, queriendo
entonces ante tal engaño, cambiar la
realidad con el uso de la violencia, apuñe-
teando a Carolina, arrastrándola de sus
cabellos por el patio de la finca y lesionán-
dola con su bordón.

Acto seguido, se dirigió a donde el abogado que llevaría la sucesión y lo requirió para que investigara la verdad de lo que se afirmaba sobre la propiedad real de esa hacienda.

Realizadas las primeras diligencias por el abogado tendientes a conformar el inventario de los bienes sucesorales, se dio cuenta que La Hacienda "El ocaso" hacia más de quince años, don Ramón la había escriturado a favor de Carolina y de los hijos, firmando ésta como la representante legal de esos menores.

Esa finca no puede pertenecer al inventario de bienes de la sucesión... sentencio el abogado.

No había nada que hacer, le comunico a Efraín, quien sin embargo persistió en su "recuperación" no importando ejercer la violencia necesaria para lograr su cometido.

Así, Efraín estalló en rabia, pues según él, eso no podía ser pues todo el mundo sabía que La Hacienda era de su padre y que Carolina era una impostara "que se la había robado", sin saber, que ella había sido el gran amor secreto de su padre, y que sus hijos, eran sus hermanos medios, situación de la que nunca se enteró y que si por alguna razón lo hubiere sabido, seguro por su conveniencia no lo habría aceptado.

Aquí empezó el calvario para Carolina, la madre de quien se encuentra en el banquillo de los acusados, y que serán Uds. señores jurados quienes deben de definir su responsabilidad, afirmo el defensor…

Y prosigue:

¿Qué podría sentir un muchacho como el que Uds. aquí observan, menudo e indefenso, ante un hombre maduro, violento, experimentado y dueño de una codicia sin límites, que empezó con insultos a su mamá, siguiendo con agresiones violentas y terminó con las amenazas de muerte que por provenir de quien provenía, debían de tenerse como ciertas, posibles y realizables?

¿Qué alternativas tenía ese ser, con la debilidad que lo aqueja como producto de la conformación natural de su ser, diferenciada a leguas de su posible y presunto contendor, para ejercer una adecuada y eficaz defensa de su familia?

No cuenta acaso, el sitio en donde se proferían las amenazas, bello pero distante de la autoridad que pudiera intervenir a tiempo en el caso un ataque repentino, situación que lo que lo avocaba a tomar una difícil y grave decisión ¿pero necesaria y certera?

La distancia es tiempo, y por lo tanto honorables jurados, imposibilitaría la acción eficaz de las autoridades, situación que lo invitaba a una solución urgente para el ejercicio de la defensa de sus derechos, así no se cumpliera los requisitos de inmediatez, actualidad y proporcionalidad que había que sacrificarlos, si quien prometía violar los derechos, tenía ciertas características que afirmaban la seriedad de su amenaza y por el contrario, confirmaban su credibilidad y por lo tanto exigía la urgencia de su defensa?

Y efectivamente señores jurados, afirmó con autoridad el defensor, no tenía otra alternativa, la que no menciono radicalmente para no caer en la apología del delito, pues si hay algo claro era que el peligro si era eminente y la amenaza no provenía de una persona que no pudiera cumplirla y la actualidad se compensaba con la distancia de las autoridades para repeler cualquier ataque inmediato que reclamaba el pronto ejercicio de la defensa, situación que obligaba a actuar en forma certera con la meticulosidad necesaria que podía confundirse con la preparación ponderada del delito.

Y así intervino el defensor durante aproximadamente dos horas, explicando no solamente la necesaria defensa que debía de ejercerse, sino justificando la ausencia de algunos elementos que de pronto impedían configurar la exigente y explicable tozudez del derecho, pero que la realidad invitaba a ser más comprensivos y condescendientes cuando se debe hablar de justicia y equidad principios que en muchas ocasiones sacrifican el derecho.

Y hablo del miedo, como el sentimiento que exalta los sentidos y que se caracteriza por ser la percepción de la inminencia de un peligro, en este caso real, y que de acuerdo a su intensidad puede desembocar en el terror que enajena completamente los sentidos anulando toda actividad decisoria, haciendo su aparición el pánico que, no siendo un medio neurótico o imaginativo, podría ser la justificación de un hecho en principio criminal.

Pero que, la confesión tenga las características de cruda, cínica o siniestra, se debe a su escasa cultura, pues jamás podríamos encararle el por qué no hablo del miedo, cuando éste es un sentimiento que aflora en la ejecución del hecho y que es el juzgador es el que debe detectarlo, pues el victimario da cuenta de su comisión, pero no las causas que lo llevó a ello, pues es muy difícil ser, el psicólogo de sí mismo cuando no se tiene la cultura suficiente para examinar su pensamiento que lo lleve por si solo a reclamar una justa eximente de responsabilidad.

Es que los hechos, entre más aberrantes los encontremos, siempre tienen, la más clara explicación a través de la psicología forense como ciencia auxiliar del derecho penal, por cuanto este derecho es un derecho de conductas y las conductas en muchos casos son impredecibles, pero en muchos casos justificables o por lo menos explicables.

Y no dejemos a un lado la ira reprimida, de la que en algún momento puede esperarse su explosión, como consecuencia de su contención, pues es ella, como represión inconsciente de un morbo deseado, la que, en el momento más apropiado pero menos esperado, explota, dependiendo su causa y de acuerdo a las capacidades de cada quien y a su metabolismo responsable del gobierno de su siquis, explosión que es proporcional con su causa, el tiempo de contención, con la reacción; pues entre más tiempo dure, mas justificaciones encuentra para su explosión la que crecida y reprimida, puede ser de incalculables proporciones.

Y así le fue explicándole al jurado, lo que es el ser humano, que siendo joven y no teniendo cultura como exigencia primordial para suponer la existencia de frenos inhibitorios, debe de ser entonces más exigentes con las personas que por su cultura se supone un comportamiento más equilibrado y menos con quienes por defecto, podrían explotar con más facilidad, sin que este morbo tenga nada que ver, con el indicativo de su capacidad delictiva.

Y se trataba de su madre, cuya seguridad era guardada celosamente en su corazón, y que ahora era injustamente agredida, por lo que interpretando el sentimiento del joven; su incapacidad de enfrentar a un hombre más atlético; la injusticia del reclamo, la inminencia de la agresión y la ignorancia de violar un vínculo familiar, decidió acabar con la vida de ese ser humano que ultrajaba, maltrataba y amenazaba, no teniendo otra alternativa de defensa en contra de la provocación que conllevaba sus amenazas de un tercero que no conocía y que iba tocar y lesionar lo más profundo de su ser, siendo una realidad que no podía esperar a que ocurriera un desenlace no esperado ni querido y que por las circunstancias se daban los vicios de impunidad.

Así señores jurados, manifestaba el defensor, entramos al terreno de la defensa consagrada en la ley natural, que el derecho legitima como justificación mediante el lleno pleno de ciertos requisitos que el suscrito defensor reconoce de forzada existencia si no nos colocáramos en el papel del victimario, abstrayendo su angustia, su incapacidad y el peligro latente y eminente existente no solo para su mamá sino para toda su familia.

Entonces aquí nos preguntamos; ¿cómo hacemos para abstraer la exigencia de la actualidad de la agresión que exige la ley para reconocer y otorgar la causal de justificación?

Y nos respondemos; con la seriedad e inminencia de la agresión, pues ella en el caso presente, no solamente era probable sino cierta para los sentidos de quien actúa en defensa de un derecho, no solo por su inferioridad de condiciones físicas sino por la "agresividad" que representaba el agresor, ante la real indefensión de la víctima y la existencia extraña de otro forma efectiva de defensa.

Aquí, la inminencia actualiza la agresión en el tiempo y explica el tortuoso camino del *iter criminis* desarrollado por el procesado, que nos asusta y que equivocadamente nos reflejaría que el procesado es una persona abyecta al crimen, pero que juzgada con el rigor de los hechos, tendríamos que aceptar, que no tenía otra alternativa, pues por encima de la vida del injusto agresor, estaba la vida de ésta, su madre y sus hermanos, aun cuando se pudiera catalogar de excesiva la defensa, lo que desde ahora acepta este defensor.

No obstante, para que esta aceptación tenga la fuerza suficiente de producir esos efectos, tendríamos que no olvidarnos que el acta de levantamiento describe al cadáver con una escopeta de calibre recortado, terciada en el cuerpo del occiso, lo que, sin dudas, indicaría la inminencia del ataque.

Y así termino su alocución la defensa, resumida en sus partes pertinentes, para luego entrar a deliberar los jurados de conciencia como lo establecía el procedimiento, cuando el pueblo era directamente el que ejercía la justicia en casos cuyo daño material y político recaía precisamente en la misma sociedad.

Transcurrieron aproximadamente una hora y diez minutos de angustiosa espera para el defensor, quien no guardaba muchas esperanzas y para el procesado que, según su defensor, iba a ser condenado como íntimamente se lo confesara, por lo que su espera estaba sumida en la resignación sin esperanza alguna.

Así esperó el procesado, durante todo el eterno tiempo de las deliberaciones del jurado, sentado donde le correspondía, con los codos puestos sobre sus rodillas, los brazos doblados sosteniendo su cabeza y agachado mirando al suelo como un derrotado sin esperanzas, o tal vez arrepentido de su decisión, pero satisfecho, como el mismo lo manifestara, por las palabras escuchados de boca de su defensor, pensando seguramente en su madre que adoraba y que al fin y al cabo, era poco el sacrificio que iba a ser cuando resultara condenado, en contraposición al amor que por ella sentía.

Mientras tanto los jurados, a quienes se les había suministrado la totalidad del sumario, cuidadosamente lo revisaban y seguramente discutían la solución que podrían tomar por mayoría, sin que podamos saber, ni adivinar lo sucedido en el seno del jurado, pues todos sus detalles corresponden a la intimidad de esa institución que toma decisiones unas veces por unanimidad y otras por mayoría, siendo válidas en cualquiera de las dos circunstancias.

Por fin, se abrió la puerta de la sala de deliberaciones del jurado que terminó con la agónica espera y uno de ellos con especial ceremonia, entrego al juez por escrito el resultado de su deliberación, el cual tomo el juez con cierto agrado, actitud que fue cambiando a medida que leía y releía el veredicto.

Por fin, se acaba la angustia cuando el juez respirando profundamente, manifiesta:

El jurado de conciencia, ha decidido por mayoría la pregunta hecha por este despacho en la siguiente forma:

¡No es responsable!

Aun cuando todos quedaron sorprendidos por el veredicto, especialmente el juez, el procesado lo recibió con frialdad de pronto sin entenderlo y el defensor con cierto escepticismo, a pesar de ser un triunfo de la justicia sobre el derecho, pues se preveía lo que iba a suceder posteriormente.

Todos salieron despidiéndose formalmente, pero sin ninguna expresión de conformidad o disconformidad con lo que acaba de suceder…

Solo el juez, se despidió de mano del defensor y le dijo:

Ud. ya sabe lo que voy a decidir, no Dr.?

¡Prepárese…!

Gracias doctor muy amable le contesto el defensor; espero su contra evidencia[30]

Y así sucedió… el juez no acepto el veredicto del jurado, lo declaró contra-evidente y ordenó nueva audiencia con

---

[30] Auto que ponderadamente dicta el juez, para no aceptar el veredicto del jurado.

nuevo jurado de conciencia, la cual, según el procedimiento, es definitiva y lo decido, ley para las partes.

REGRESAR

CAPITULO VII

De la nueva audiencia

No habían transcurrido quince días, cuando el defensor fue citado al juzgado para notificarle la decisión del juez respecto al veredicto absolutorio proferido por el jurado de conciencia en primera audiencia.

Y efectivamente, tal como se había anunciado, el señor juez declaró contraevidente el veredicto, dando sus razones jurídicas para la toma de tal decisión.

Leída la providencia por el defensor, se notificó sin ninguna observación, pues además le parecía que la decisión del despacho había sido tomada en derecho por lo que no encontró ninguna objeción, por más justicia que aparentemente tuviese la decisión del jurado como producto de su más íntimo convencimiento, lo que difería de la decisión tomada por el juez fundamentada en derecho,

Esta es la razón por la cual, se extraña este institución democrática en el practica del derecho penal colombiano por falta de reglamentación, pues se encuentra instituida en el código procesal penal pero descuidada por el Consejo Superior de la Judicatura y consecuentemente en el legislativo para su reglamentación y puesta en marcha, máximo hoy en día cuando el juez de derecho es el que en definitiva decide, usurpando facultades constitucionales que son el producto que toda democracia debe mostrar, dándo paso por ahora a la actitud despótica de algunos jueces consecuencia de su contaminación con las teorías a veces erradas de la fiscalía acusadora o irresponsablemente expuestas en el juicio que aprovechan en muchas ocasiones las falencias de la defensa técnica que en ocasiones se ejerce en forma deficiente e irregular por abogados que irresponsablemente se prestan para un ejercicio tan delicado y de tanta trascendencia.

Seguidamente y en providencia por separado, ordenó el sorteo de nuevos jurados y posteriormente señaló fecha para la realización de una nueva audiencia pública, la cual debía de realizarse aproximadamente diez meses después de la declaración de contra evidencia, dando el tiempo necesario para el sorteo de los nuevos jurados y su correspondiente notificación.

Pasaron los días, y el defensor se ocupó de otros temas relacionados con su oficio, pero no acataba a descifrar que parte de su discurso había impactado al jurado para tomar esa resolución, que contraria a derecho y contraevidente para el juez, la había considerado pertinente a la justicia.

Por fin llego la fecha y la hora para la definición definitiva de la suerte de Santiago, que ya cumplía los dos años de estar privado de su libertad en una detención preventiva intramural que hoy no puede durar tanto tiempo.

El defensor alistó toda la argumentación jurídica que debía de repetir ante el nuevo jurado de conciencia, el cual en esta oportunidad había sido conformado por un médico, un ingeniero civil y un matemático, quien para el defensor, este último no era un *"jurado fácil"*, pues por lo regular quienes ejercen estas profesiones relacionadas con las ciencias exactas, les falta capacidad para dilucidar todas las alternativas que puede tener la vida; el desarrollo social y sobre todo, la conducta humana la que por su diversidad exige mentes abiertas para poder entender éstas en todas sus dimensiones, multiplicidad de alternativas y problemáticas, pues la actividad humana es toda una complejidad muy difícil de entender y muchas veces de explicar, por ser el producto de infinidad de ecuaciones que según su conformación fáctica, daría resultados sorprendentes.

Pero bueno, pensó el defensor; *"el toro hay que cogerlo por los cachos"* pues no de otra forma se puede ejercerse la profesión en casos en los que prácticamente las oportunidades de defensa son muy pocas, si a derecho se ciñere la decisión o se tuviere la capacidad para juzgar en justicia de acuerdo a la más profunda convicción que es la regla del jurado.

Subía el juicioso defensor oficioso por las escaleras del edificio de "Paloquemado" en donde funcionan los juzgados y se encuentran las salas de audiencia, cuando fue sorprendido por un llamado de atención, de persona que subía inmediatamente detrás de él.

Doctor. ... Doctor.... Vd. es mi defensor

Hola Santiago, como le va…

Bien Doctor, … pero Ud. no me fue a visitar…

Ante tan insólito reclamo… el defensor le contestó:

No es mi obligación visitarlo… no está dentro de mis funciones como defensor…

Pero Dr., prosiguió el procesado… Yo quería hablar con Ud. pero …

Pues Ud. ha debido llamarme, tenía mi tarjeta no, pero aquí estoy, replico el abogado… también yo quiero hablarle pues hay algo que no me cuadra…

Dr. Yo quiero contarle algo, pero no sé si Ud. pueda guárdeme un secreto...

Claro que sí, ¡Santiago… yo soy su defensor y como tal estoy obligado a guardar sus secretos… ya se lo había dicho!

¿Pero seguro Doctor...?

Claro que si Santiago… muy seguro!

Yo... lo he pensado mucho, pero me da mucho miedo que Vd., se ponga a contar…

Dijo inocentemente el procesado.

Ya le dije Santiago que si Ud. tiene un secreto con relación a su caso, yo no pudo de ninguna manera revelarlo… de que se trata…

Pues Dr., le voy a contar…

Y después de una mirada penetrante a los ojos de su abogado, con un suspiro y la presencia de lágrimas en sus ojos, manifestó tajantemente…

Yo no fui el que mato a Efraín…

Estupefacto quedo el defensor… y con cierto disgusto le respondió.

¡No jodas! …. ¡Entonces quién fue...!

Ud. no me va a delatar Dr. Se lo ruego por favor…

Advirtió suplicante el procesado

Ya le aseguré que yo no podría comentar con nadie su situación , es mi deber guardar su secreto como profesional que soy, le replicó el defensor…

*Pues bien, Dr. Espero que no me que-
de mal… fue mi mama!*

No sabía que contestar el defensor, fue
una noticia que lejanamente sospechaba,
pero que no se atrevia ni a pensarlo ni a
preguntárselo a su defendido…

*Que podemos hacer Dr….. ¿Yo me
puedo salvar sin decir quién fue?*

*Bien… le contestó el abogado, Déjalo por
mi cuenta…*

*Lo único es que, le manifestó el aboga-
do, cuando el juez ahora le pregunte
por el caso, Ud. no sabe nada, pues
Ud. no hizo nada…*

El resto, ¿me lo deja a mi… entendido?

Bien Dr.… por favor no vaya a contar….

No tiene por qué preocuparse… de eso precisamente quería hablarle… hay algo que no me cuadra…. y ahora pienso que lo tengo resuelto…

Y se dirigió al juzgado para presentarse….

Con preocupación entro al juzgado, saludo y se dio cuenta que todo estaba preparado, notando que la señora Fiscal todavía no se encontraba presente.

Pero no era fácil y su preocupación era justificada: Ahora había que cambiar el discurso, pensó el abogado, y no había tiempo para ello, que mala suerte haberse enterado hasta ahora y no haber atendido a mis sospechas…fue una falla grande no haber ahondado en el estudio de proceso con fundamento en esa teoría que varias veces había pasado por su mente, pues seguramente ahí en el proceso se encontraba la verdad, pero aprendió que quien confiesa, por alguna razón lo hace, no siendo, por lo tanto, prueba plena de la responsabilidad de la infracción si el estudio probatorio así no lo confirma.

¡Qué gran lección…!

Como prácticamente estaba todo listo para el desarrollo de la Audiencia, a continuación, se dirigieron a la Sala de Audiencia, junto con el Juez y los jurados, pues la fiscal ya esperaba en ella. El procesado apenas llegaba al juzgado, pues los guardianes fueron informados sobre la sala que correspondía para la realización de la audiencia, habiendo traslado al recluso en forma inmediata a la sala señalada.

Reunidos todas las partes, el señor juez dio por instalada la audiencia interrogando al procesado delante de los jurados tal como lo ordenaba el procedimiento.

A la pregunta de rigor, infórmele al jurado, ¿por qué razón se encuentra Ud. detenido?

El procesado contesto:

No se Dr.

Como así, inquirió el juez…

Pues si Dr. yo no he hecho nada… afirmo con voz entrecortada…

Estallo en disimulada furia el juez, y contra preguntó al procesado, haciendo un gran esfuerzo para que no se notara su evidente y de pronto justificada alteración de ánimo:

Cómo así, si Ud. confesó en la Audiencia pasada; en la indagatoria y en todas las diligencias en donde Ud. tuvo la oportunidad de intervenir. ¿Por qué ahora dice que no?

¿Entonces quién fue?

De un salto se paró el defensor y manifestó:

Objeto la pregunta señor Juez, pues en primer lugar, su pregunta viola el derecho de defensa en razón a que el procesado tiene derecho a guardar silencio… Y en segundo lugar, si mal no recuerdo, la primera persona capturada, fue la mama de este caballero, como razones mas que suficientes de la objeción que propongo.

Gracias señor juez.

Bien, que quede constancia en el acta, ordenó el juez.

Enseguida le dio la palabra por primera vez a la Fiscal, quien poniéndose de pie, solicito respetuosamente al juez y con disculpas a la defensa y especialmente a los jurados de conciencia, la suspensión de la diligencia de audiencia, pues tal como se observaba y el juez sabia, se encontraba en estado de embarazo y salía en licencia de parto al día siguiente, por lo que no se encontraba en condiciones óptimas para intervenir, y menos aún con el inesperado rumbo, que tomara la audiencia ante la negativa de participación del procesado.

Como le correspondía el turno a la defensa, le concedió el uso de la palabra al abogado defensor, quien manifestó:

No tengo ninguna objeción a la petición de la fiscalía...

Contestó el abogado con reservada alegría.... pues tenía el tiempo necesario para revisar el proceso enfocado en la negación del procesado y la confesión que le acaba de hacer. Si era cierto, debía encontrarse en el expediente la prueba de ello que todos pasamos por alto al no haber conocido la verdad a tiempo.

El juez consideró ajustada a derecho esta petición y ordenó la suspensión de la diligencia de audiencia pública, para realizarla con el fiscal que entraría a reemplazar a la funcionaria incapacitada.

Bendito sea Dios, pensó el defensor, pues hasta ese momento no sabía cómo enfrentar la nueva situación, ante la negativa de autoría del procesado, por lo que, si no hubiera sido solicitada por la fiscal, la petición de suspensión, esta solicitud se hubiera producido por parte de la defensa.

El juez, levanto la sesión y convocó para dos meses después, fijando fecha para su continuación, fecha que notifico a las partes en estrados.

Canalladas II

REGRESAR

CAPITULO VIII

De Audiencia final

Después de un fructificante receso muy bien aprovechado por la defensa, se inició la audiencia final que habrá de decidir en forma definitiva sobre la responsabilidad del procesado.

Entendía el defensor que no podría referirse a ninguna causal de justificación, ni de atenuación punitiva o de error de derecho, pues al haberse sustraído el procesado de su responsabilidad en la audiencia inmediatamente anterior negando su participación en el hecho, la búsqueda de la prueba debía encaminarse a reprobar su autoría la cual, si fuere cierto lo afirmado últimamente por el procesado, en alguna parte debe aparecer en el proceso, prueba que negligentemente no se buscó por los funcionarios competentes en las respetivas etapas procesales las cuales imponían la necesidad de probar su autoría no solamente con el dicho del procesado recogido en su respectiva indagatoria, sino que esta fuera conteste con la realidad procesal existente y en verdad, cierta culpa del abogado defensor, por no haber estudiado a fondo el haz probatorio de acuerdo a su leve pero existente sospecha.

Así el defensor se propuso, dejar atrás la indagatoria del procesado como pieza que fundamentara su acusación, y dedicarse a la prueba testimonial comparada con la prueba técnica existente en el proceso, lo que cambiaría totalmente el panorama como se explicará más adelante.

Instalada nuevamente la segunda audiencia, correspondía entonces, por segunda vez concederla la palabra a la fiscalía, la cual estaba a cargo de un nuevo funcionario: el Dr. Pertuz, abogado de descendencia costeña, magnifico orador y especializado en derecho penal, por lo que su alocución fue una excelente pieza procesal, demostrativa de sus grandes valores como profesional en los temas de derecho penal, especialmente en lo concerniente a la responsabilidad subjetiva del procesado, las causales de justificación aceptadas por la ley y las causales de atenuación no existente en el proceso, amén del error en la apreciación como fundamento de la causal de agravación imputada por el autor de proceder, la cual solicito como Ministerio Publico, no tener en cuenta por completo desconocimiento por parte del procesado del parentesco existente entre el presunto autor y el hoy occiso.

Durante más de dos horas, el doctor Pertuz con gran profesionalismo, solvencia jurídica e intelectual, desbarato las teorías de la defensa expuesta en otrora audiencia que el señor juez declarara contra evidente, pero actuando equivocadamente, pues no había leído el acta de suspensión de la audiencia inmediatamente anterior en donde el procesado se mostró ajeno a la autoría del homicidio que se juzgaba, por lo que la teoría de la ira reprimida como atenuante y causa de la ejecución del hecho punible y la legitima defensa, como figura de justificación del hecho alegadas por la defensa del procesado en anterior oportunidad, nada tenían que ver en el actual momento procesal en el que se había negado la autoría del hecho y por lo tanto los factores subjetivos de su ejecución, nada tenían que ver en este juzgamiento.

Es decir, la intervención pasada de la defensa, se tornaba fuera de contexto y por lo tanto no tenía ningún efecto en la nueva situación que reclamaba a gritos únicamente la prueba de autoría, al parecer no muy clara en el proceso amen de haber sido descuidada lamentablemente en el estudio de responsabilidad como consecuencia de la confesión realizada, por quien no había aceptado la autoría de hecho punible alguno.

Termino su intervención, con merecido reconocimiento a su gran oratoria y la facilidad y profundidad para manejar temas de derecho, dejando en verdad sin salida al procesado, si no fuera, porque el tema tratado no correspondía en ese momento con la nueva realidad que había sufrido la imputación.

Estaba el señor Fiscal fuera de contexto por cuanto ha debido de referirse en su maravillosa intervención principalmente a la prueba de autoría y secundariamente a la de responsabilidad subjetiva del encartado, lo cual si se hubiere hecho con la solvencia demostrada, el resultado hubiera sido catastrófico para la defensa.

Concedida la palabra al defensor, después de reconocer la gran intervención de la fiscalía, lamento su error, pues la defensa no se referirá a esos temas, que tratados por el fiscal, habían sido muy importantes y definitivos en la dialéctica de la imputación en pasada audiencia y seguramente una verdad jurídica si la imputación hubiese seguido incólume, pues ya no había confesión, sino retractación de ella, lo que obligaba a un cambio obligatorio en el panorama de la imputación y en el tratamiento jurídico de la prueba.

Advirtió al jurado de conciencia que, mediante la exposición de esos temas, que hoy no tenían validez en razón a la negativa de participación del procesado en el hecho imputado; de todas maneras, había sido absuelto por el jurado en anterior audiencia, amén de que, en esta oportunidad, el ministerio publico había demeritado la causal de agravación por el parentesco existente entre víctima y victimario.

En la misma forma advertía que, durante el receso obligatorio por suspensión de la pasada audiencia, había nuevamente estudiado el proceso direccionado con la nueva perspectiva, habiendo efectivamente encontrado la prueba casi plena de que efectivamente el procesado no había participado en el hecho o por lo menos, si esta afirmación se considerara exagerada, la existencia de la duda que impedida la certeza razonable necesaria para condenar.

Que tal prueba iba a ser enunciada en menos de cinco minutos, advirtiendo que se constituiría así en la intervención más corta que defensor alguno hubiese hecho en esas salas de audiencia, por lo que solicitaba respetuosamente plena atención al jurado, para que en el momento de la deliberación se pudiera confrontar su dicho con la existencia de la prueba en el proceso, por lo que les rogó memorizar y/o tomar apuntes de su dicho, por si acaso, no encontraran en el proceso respuesta inmediata a sus interrogantes en el momento de su deliberación.

Encontré, afirmada el defensor con la seguridad que lo caracterizaba; señores jurados, lo siguiente:

1 – Se constata en folio XX del expediente, que la señora madre del procesado fue la primera persona detenida por orden del juez instructor que investiga-

ba de primera mano, la muerte de Efraín y que el joven aquí presente fue presentado al Juzgado, después de su afirmación hecha a la policía sobre su autoría negando la de su mama.

Y entonces nos peguntamos:

¿Por qué se ordenó la captura a la madre del procesado?

2 – Revisada la diligencia de indagatoria del procesado, él manifiesta que *"tan pronto lo tuve a menos de un metro, le dispare y ahí quedo a la vera del camino"* pero comparada esta versión con el acta de levantamiento del cadáver se deja constancia que el *"cadáver estaba ubicado a veinte metros del camino, a orillas de la quebrada y tapado con chamizos que lo ocultaban"*

Y nos peguntamos:

Por qué la diferencia de sitio de encuentro del cadáver y las circunstancias en que fuere encontrado respecto del dicho del procesado, comparativamente con lo descrito en el acta de levantamiento?

3 – Según la indagatoria del procesado aquí presente, manifiesta que como no tenía plata para comprar la munición que utilizaría para cargar la escopeta prestada, utilizó toda clase de elementos metálicos que reemplazarían la munición, como *"turcas, tornillos y puntillas"* pero comparada la necropsia con su dicho, el médico legista describe las heridas recibidas como "múltiples orificios redondos producidos al parecer por arma de fuego cargada con cartucho de calibre 16" que son perdigones esferoides, extrayéndose de sus heridas varios de ellos y agregándolos al expediente.

¿Dónde están las heridas que con sus orificios y señas dejadas en su

cuerpo, nos indiquen que fueron produ-cidas por "las puntillas, tornillos y tuercas" con los cuales cargo la esco-peta según el dicho del procesado aquí presente, si según la necropsia se encentraron "orificios redondos de diámetro regular" producidos por arma de fuego cargada con cartuchos calibre 16?

4 – Si el procesado dijo la verdad, cómo se explica el silencio cuando se le preguntó:

¿Por qué lo hizo...?

5 – Consta en la diligencia de re-construcción del hecho, y así dejó cons-tancia el juez instructor, que el sindicado no supo ubicar el sitio en donde se escon-dió para esperar a la víctima, manifestando no recordarlo.

Si fue el autor del hecho ya confeso, del cual según se supone fue fríamente planeado ¿cómo no recordaba en que sitio se escondió para disparar?

Entonces honorables jurados, termina el defensor, si el procesado dijo la verdad en su indagatoria que sirvió de fundamento para esta imputación, por qué tanta discrepancia de su testimonio de cara a la realidad, ¿teniendo en cuenta la prueba técnica y documental existente?

Solo me resta, dijo el defensor enfáticamente, recordarle al honorable jurado de conciencia que, en derecho, *"toda duda debe resolverse a favor del procesado"*

No habiendo transcurridos diez minutos, de su resumida intervención, manifestó:

Los invito señores jurados, hablando pausadamente para permitir que los jurados tomaran nota, a que revisen los folios 32, 55, 45, 67 y 86 del cuaderno original.

Ahí encontraran la verdad real y procesal del presente caso.

¡Muchas gracias...!

El juez ordeno que los jurados deliberaran y entregaron el cuestionario con la pregunta solicitada, invitándolos a pasar a la sala de deliberaciones para responderla.

Lo que se creyó que iba a ser una larga y tediosa deliberación, a los diez minutos y con gran sorpresa por el corto tiempo de deliberación, se abrió la sala del recinto en donde los jurados deliberaran en secreto, y dirigiéndose los tres jurados a sus asientos, uno de ellos entrego al juez el veredicto:

Por unanimidad, este jurado contesta la pregunta formulada, dijo lacónicamente el juez...:

No es responsable..."

Y golpeando con su martillo, prosiguió:

- Se declara terminada, la presente audiencia.

Se hizo justicia pensó el defensor... *es el triunfo del derecho, sobre el derecho, ¡pero todo, con un gran sentido común que se tradujo en justicia...!*

No haber analizado el instructor en su auto de detención; el fiscal en su concepto para llamamiento a juicio; el juez de la causa en su auto de proceder, y por último, el defensor en la preparación de su la defensa, la prueba que como indicio necesario de participación nítidamente se presentaba en el proceso, no fue una verdadera

CANALLADA... ?

REGRESAR

www.ingramcontent.com/pod-product-compliance
Lightning Source LLC
Chambersburg PA
CBHW071413150726
48000CB00001B/302